高等教育工业设计专业系列教材

从构成走向产品设计
From Construction to Product Design

产品基础形态设计

李锋　吴丹　李飞　编著

中国建筑工业出版社

图书在版编目（CIP）数据

从构成走向产品设计　产品基础形态设计/李锋，吴丹，李飞编著. —北京：中国建筑工业出版社，2005
（高等教育工业设计专业系列教材）
ISBN 978-7-112-07216-3

Ⅰ.①从… Ⅱ.①李… ②吴… ③李… Ⅲ.工业产品-设计-高等学校-教材 Ⅳ.TB472

中国版本图书馆CIP数据核字（2005）第012908号

责任编辑：李东禧　马　彦
正文设计：李　锋　吴　丹　李　飞
责任设计：廖晓明　孙　梅
责任校对：李志瑛　王金珠

高等教育工业设计专业系列教材
从构成走向产品设计
From Construction to Product Design
产品基础形态设计
李锋　吴丹　李飞　编著

*

中国建筑工业出版社出版、发行（北京海淀三里河路9号）
各地新华书店、建筑书店经销
廊坊市海涛印刷有限公司印刷

*

开本：787×960毫米　1/16　印张：9　字数：250千字
2005年6月第一版　2017年1月第六次印刷
定价：**38.00元**
ISBN 978-7-112-07216-3
　　　（13170）

版权所有　翻印必究
如有印装质量问题,可寄本社退换
（邮政编码100037）

总 序

自1919年德国包豪斯设计学校设计理论确立以来，工业设计师进一步明确了自身的任务和职责，并形成了工业设计教育的理论基础，奠定了工业设计专业人才培养的基本体系。工业设计始终紧扣时代的脉搏，本着把技术转化为与人们生活紧密相联的用品、提高商品品质、改善人的生活方式等目的，在走过的近百年历程中其产生的社会价值被广泛关注。我国的工业设计虽然起步较晚，但发展很快。进入21世纪之后，工业设计凭借我国加入WTO的良好机遇，将会对我国在创造自己的知名品牌和知名企业，树立中国产品的形象和地位，发展有中国文化特色的设计风格，增强我国企业和产品在国际国内市场的竞争力等等方面起到特别重要的作用。

同时，经过20多年的发展，我国的设计教育也随之有了迅猛的飞跃，根据教育部的2004年最新统计，设立工业设计专业的高校已达219所。按设置有该专业的院校数量来排名，工业设计专业名列工科类专业的前8名，大大超过了绝大多数的传统专业。如何在高等教育普及化的背景下培养出合格、优秀的设计人才，满足产业发展和市场对工业设计人才的需求，是我国工业设计教育面临的新挑战，也是设计教育发展和改革需要深入研究和探讨的重要课题。

近年来，工业设计教材的编写得到了高校和各出版单位的高度重视，国内出版的书籍也由原来的凤毛麟角开始转向百花齐放，这对人才培养的质量和效果都起到了积极的意义。浙江省由市场经济活跃、中小企业林立而且产品研发的周期较快，为工业设计的教学和发展提供了肥沃的土壤。浙江地区设置工业设计专业的高校就有20多所，因此，为工业设计教学的发展作出自己的努力是浙江高校义不容辞的责任。在中国建筑工业出版社的鼎力支持下，我们组织出版了这套高等教育工业设计专业系列教材，希望对我国工业设计教育体系的建立与完善起到积极的作用。

参与编写工作的老师们都在多年的教学实践中积累了丰富的教学心得，并在实际的设计活动中获得了大量的实践经验和素材。他们从不同的视点入手，对工业设计的方法在不同角度和层面进行了论述。由于本系列教材的编写时间仓促，其中难免会有不足之处，但各位编著者所付出的心血也是值得肯定的。我作为本套教材的组织人之一，对参加编辑出版工作的各位老师的辛勤工作以及中国建筑工业出版社的支持表示衷心的感谢！

潘　荣

2005年2月

编委会

主　编：潘　荣　李　娟

副主编：赵　阳　陈昆昌　高　筠　孙颖莹　雷　达　杨小军
　　　　林　璐　李　锋　周　波　乔　麦　于　墨　(排名无先后顺序)

编　委：于　帆　林　璐　高　筠　乔　麦　许喜华　孙颖莹
　　　　杨小军　李　娟　梁学勇　李　锋　李久来　陈昆昌
　　　　陈思宇　潘　荣　蔡晓霞　肖　丹　徐　浩　蒋晟军
　　　　阚　蔚　朱麒宇　周　波　于　墨　吴　丹　李　飞
　　　　陈　浩　肖金花　董星涛　金惠红　余　彪　陈胜男
　　　　秋潇潇　王　魏　许熠莹　张可方　徐乐祥　陶裕仿
　　　　傅晓云　严增新　(排名无先后顺序)

参编单位：
　　　　浙江理工大学艺术与设计学院
　　　　中国美术学院工业设计系
　　　　浙江工业大学工业设计系
　　　　中国计量学院工业设计系
　　　　浙江大学工业设计系
　　　　江南大学设计学院
　　　　浙江科技学院艺术设计系
　　　　浙江林学院工业设计系
　　　　中国美术学院艺术设计职业技术学院

序

在工业设计专业的整个教学过程中,从素描、色彩和构成等基础课程到产品设计专业课程之间确实需要有个专业基础课程的过渡环节。这个过渡环节课程在有的院校称之为立体造型,也有的院校称之为产品基础形态设计(如本书书名副题);有些院校是一门课,有的院校则分成几门课(包括选修课)。这类课程对于工业设计专业学生的重要性是毋庸置疑的。可以说,能否真正培养出优秀的工业设计师,产品基础形态设计的教学是第一关。

然而,目前出版工业设计专业的教材中,基础的、专业的各种教材都不少,惟独针对这个环节的教材较少。我想原因可能很多。主要的原因是这门课前后左右与之相关的学科和知识点多,交叉和涉及的面又广;它本身又是理论与实践紧密结合的实践性教学环节,要在这样的背景下把学生抽象的美学观念培养成对美的观察力、判断力和直觉力,是件不易的事。而从教师方面来看,有点资历的老师大多已脱离这个过渡环节的一线教学而转向更专业的课程教学了,仍在这类课程第一线摸爬滚打的教师又会感到自己年轻、资历浅,加之客观上存在一定的难度,就不免有点"知难而退"了。总之,这类教材比较难写。

所以,李锋、吴丹、李飞三人能够提笔撰写这样一本教材应该讲是难能可贵的。他们把自己在教学和实践中的探索、尝试、经验和心得总结成书以飨读者,对于工业设计的师生和工业设计师来说无疑是个福音。全书对产品基础形态设计的整个环节都进行了比较全面的阐述,很好地体现了本课程的桥梁作用,从字里行间可以看到他们工作的艰辛和用心之良苦。对于书中有些可能需要商榷的地方,我觉得,可以留待今后在教学实践中一起进一步探索、研究、修改和完善。

江建民

2005年元月于江苏无锡

目 录

008　　　　前言

009~038　　第一章　形态设计概述
　　　　　　第一节　引言
　　　　　　第二节　形态与基础形态
　　　　　　第三节　创造美的形态

039~056　　第二章　基础形态设计
　　　　　　第一节　从平面走向立体
　　　　　　第二节　基础形态的创造
　　　　　　第三节　基础形态的组合与过渡
　　　　　　第四节　基础形态的演变

057~082　　第三章　产品形态设计的基本要素
　　　　　　第一节　形态的目的——功能
　　　　　　第二节　形态的载体——材料
　　　　　　第三节　形态的骨骼——结构与机构

083~094　第四章 综合性产品化形态设计
　　　　　第一节 抽象形态与实用功能的结合
　　　　　第二节 从抽象形态到实用产品的发展
　　　　　第三节 "夹"的探究与设计
　　　　　第四节 "折叠"的探究与设计

095~109　第五章 车载导航仪设计实例
　　　　　第一节 产品概述和设计准备
　　　　　第二节 外观设计
　　　　　第三节 结构设计
　　　　　第四节 表面处理
　　　　　第五节 总结

110~111　参考文献

112　　　后记

113~144　彩色图例

前 言

　　工业设计作为一种创造性的活动，它的主要任务之一是创造产品的形态。然而产品的形态并不是凭空产生的，它有一个产生、发展和形成的过程，因而掌握如何创造美的产品形态的方法是工业设计学习的重要任务。　在工业设计专业的课程设置中，有三大类别的课程：学科基础课、专业基础课和专业课。前者包括绘画基础、三大构成等，后者包括产品设计（1）、（2）、（3）等，从纯粹无目的的形态构成到实际的产品设计，这是一个很大的跨越，专业基础课是这两者的中间环节，这当中很重要的一门课程就是产品基础形态设计，它是从构成走向产品设计的桥梁和纽带。

　　因而产品基础形态设计在整个工业设计教学体系中占有非常重要的地位。本书从基础形态设计概述开始逐步展开，由平面的立体化到立体形态的创造，形态的组合与过渡到形态的演变，逐层深入，进而论述形态与功能、材料、构造等方面的关系，以及综合性产品化形态的设计和最终结合众多设计要素的产品设计，形成了一个完整的体系。从"构成"到"基础设计"再到"产品设计"，这是一个循序渐进、环环相扣的过程，对设计能力的训练来说，它们是一个有机的整体，缺一不可。

　　本书由浙江理工大学李锋、浙江传媒学院吴丹、设计师李飞共同编著，其中由李锋担任主编，并执笔第一、二、四章，吴丹执笔第三章，李飞执笔第五章，全书由李锋统稿。书中包含了作者在工业设计教学过程中的探索与尝试，也结合了产品设计实践中的经验与心得，供广大工业设计专业的师生和设计工作者参考。

　　本书所附的图片中标有"■"的是学生或作者的设计作品（有少量是根据已有作品的改良和重建），由于本书版面的限制，我们没能在附图中一一列出作者的名字（提供作品的学生名单见"后记"），特在此对为本书提供作品的浙江理工大学艺术与设计学院工业设计系的同学们表示衷心的感谢；同时也感谢浙江传媒学院影视美术系的几位学生为本书部分线稿图的绘制提供了帮助；另外由于时间仓促，本书所使用的部分插图没有及时与作者取得联系，万望海涵，在此深表谢意。

作者

2005年1月

第一章　　形态设计概述

在很多情况下，人们并不是购买具体的物品，而是在追求潮流、青春和成功的象征。
——［法］皮埃尔·杰罗

从构成走向产品设计
From Construction to Product Design

第一节　引言

一、何谓产品基础形态设计

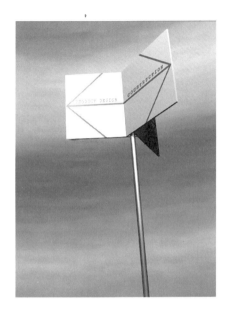

■图1-1　产品基础形态设计是从构成走向产品设计的桥梁

从纯粹的形态构成到实际的产品设计，这是一个很大的跨越。构成是将形态本身当作鉴赏对象来研究，探讨形态所具有的共性特征，是一种没有明确目的的纯粹的形态创造，而产品设计是一种"有目的的构成"，它是从功能和使用的角度来确定形态的，带有很强的目的性，因而这两者之间存在着很大的距离，联系这两者的桥梁就是产品基础形态设计。

构成学最初是由包豪斯设计学院的设计先驱们在20世纪初开始进行探索和实践，研究点、线、面、体及色彩间的科学关系，后来又经过日本设计研究人员的总结整理，逐渐分化为平面构成、色彩构成、立体构成等内容的学科。构成作为没有目的的纯粹造型，它是所有设计专业共同的基础课，有着相当重要的地位，但是也正是由于它是一门共同的基础课，所以它与专业设计课程的联系比较薄弱，与专业设计存在着脱节现象。

日本设计教育中，一般把"构成"称之为"基础造型"或"基础设计"，这个名字比我们的范围要广些，部分包含了我们所谓的"基础形态设计"，它的任务是不追求特定目的而只探求无限的造型性：即所有形态创造领域中普遍存在的有关创造性、审美性、合理性的直观能力，同时它也包含了各专业的初步的、基础性的内容。虽然这个安排也存在异议，但是它的一些内容起到了连接纯粹的构成与专业设计的作用。

然而我们的构成教学本身则没有与专业设计教育建立很直接的联系；后续的产品设计课程往往是一上来便要求设计很具体的产品，课题有着非常明确的目标和众多实际要求的限制，所以这个中间就很有必要设置一个衔接性的课程，进行一些过渡性的训练。

"产品基础形态设计"正是作为这样一个环节与纽带而产生的，所谓产品基础形态设计，是以研究基础形态的创造、变化以及形态与功能、构造、材料等关系为内容的课程，通常也直接简称为"基础设计"。

从"构成"到"基础设计"再到"产品设计",这是一个循序渐进、环环相扣的过程。对设计能力的训练来说,它们是一个有机的整体,缺一不可。在这个过程中,形态创造的自由度逐渐减小,设计的功能目的性逐渐明确。在西方现代设计史中,构成主义运动的代表人物塔特林最终成了工业设计师,正好证明了从构成到产品设计的相通性。

构成、基础设计、产品设计的关系表

教学进程	课程的功能	课题的内容	考虑因素
设计基础(三大构成)	技能训练	没有功能目的	以纯粹的形态创造为主
产品基础形态设计	专业基础设计	有限目的	基础形态与产品的功能、材料、结构、机构等的关系
产品设计	专业设计	有明确目的	在上者的基础上,综合考虑产品的使用环境、实用要求、市场、成本等

二、学习产品基础形态设计的意义

形态设计是工业设计的重要内容,任何客观的事物都以各自的形态存在,产品也不例外。好的形态能够给人们带来美的享受,创造美的产品形态是工业设计师的主要工作内容。产品形态是产品的功能、信息的载体,设计师使用特定的造型方法进行产品的形态设计,在产品中注入自己对形态的理解,使用者则通过形态来选择产品,继而获得产品的使用价值,所以形态是设计师、使用者和产品三者建立关系的一个媒介,形态设计在工业设计中有着举足轻重的作用。

法国著名的符号学家皮埃尔·杰罗说"在很多情况下,人们并不是购买具体的物品,而是在追求潮流、青春和成功的象征"。也就是说,在很多情况下,人们对产品形态的关注已经甚于对功能的关注。在一个产品产生之初,产品的造型往往是由技术决定的,而随着产品的发展,它的技术逐渐成熟,功能也逐渐趋于完善。这个时候,产品的形态就越来越多地体现出它的社会文化内涵。这不仅是好的产品自身的需要,也是产品作为商品竞争的需要。在产品的同质化时代，要在激烈的商品竞争中处于优势，必须考虑产品的形态，增加产品的感性价值，这是提高产品附加价值和市场竞争力的有效手段。

"设计是带着镣铐跳舞"，这是我们经常打的一个比方，对于产品设计来说更是如此。也就是说，产品设计需要我们在一定的限制条件下，发挥形态创造的最大的自由度。由于立体构成是纯粹的形态训练，所以我们如果仅仅用构成的方式来设计产品，而忽视功能、构造、材料等产品形态构成的基本要素，那么所设计的产品往往是天马行空、不着边际，没有实际的应用价值。同时，在基础设计中，我们也不要求对产品设计的诸如市场情况、使用环境和成本等具体限制考虑过多，因为这样，又会限制我们的思路，影响形态构想的创造能力的发挥。因此，产品基础形态设计的训练也就是在进行基础形态创造的同时结合对产品的功能、构造、材料等关键要素的考虑，强调过渡性与衔接性，因而是从构成走向产品设计的桥梁。

在现代设计教育中，基础设计的训练是以对形态的探索与构造作为实施的核心的，这是培养学生的设计感觉和设计能力的重要手段，是学习专业设计的基础，它与实际的设计有一定的距离，是通向实际设计的桥梁。在课程中，通过对各种形态的分解与组合、创造与变化，可以充分认识形态与尺度、体量、空间、功能、材质、结构、运动等因素之间的相关性。由于要综合考虑形态创造的美感以及形态与某些具体要求的关系，所以该课程具有一定的探索性，同时能够促使学生系统性思维能力的形成，因而具有重要的意义。

作为设计专业的基础课程，基础设计是一门强调过程性知识的实践性很强的课程。所以本书中的很多内容是结合课题的实践来写的。通过实践的过程来进行知识的积累和掌握，不仅有利于学生掌握形态创造与演变的方法，同时也有利于增强学生对造型的思维能力，这是对新形态的探索过程，也是对形态的感性与理性认识相融汇的过程。

第二节 形态与基础形态

一、形 态

形态、色彩、肌理是造型的三个要素，在这三者中，形态是最核心的问题，色彩和肌理是依附于形态而产生的，在本书中，我们将主要探讨与形态相关的问题。

所谓"形态"，它包含了两层意思，即"形状"和"神态"。"形"通常是指一个物体外在的体貌特征，是物质在一定条件下可见的外在表现形式。"态"则是指物体内在呈现出的不同的精神特征，是蕴藏在物体内的"精神状态"。"形态"综合起来就是指物体外形与神态的结合。

图1-2 形态的外在和内在的统一，显示出力的作用

任何物体都是"形"和"态"的综合体。它们之间是相辅相成、不可分割的统一体，是物体内部的力和来自外界的力共同作用的结果（图1-2）。形状是可见的，具有客观性，而神态是内在的，往往带有人的主观色彩，"仁者见仁，智者见智"。在设计的过程中，我们既要创造一个美的外形，同时还要赋予形体一个适合于它的美的神态，做到"形神兼备"。产品离不开一定的物质形式的体现，也就必然呈现出一定的形态，创造美的产品形态，是工业设计的主要任务之一。

（一）形态的分类

在我们的周围，充满了各种各样的事物，每个事物各具形态，因而形态可以说是千姿百态、包罗万象。世界上没有完全相同的两片树叶，形态亦是如此，然而在这林林总总的不同形态中，我们总可以发现某些形态具有一些共同的特征，基于这些共同的特征，我们将形态进行了分类。

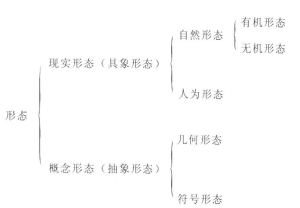

图 1-3～图 1-6　丰富多彩的自然形态

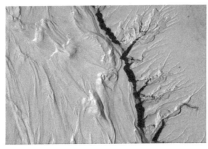

形态总的来说，可以分为现实形态和概念形态。前者是人们可以直接知觉的，看得见也是摸得着的，如各种产品实物、动植物、自然山水等，也称为具象形态。后者是人们不能直接知觉的，只存在于人们的观念之中，必须依靠人们的思维，才能被感知，也称为抽象形态或纯粹形态。由于观念形态是抽象的、非现实的，因此常常以形象化的图形或符号来表示它，比如我们所用的几何图形、文字等。

1．现实形态

现实形态按照其形成的原因，又可分为自然形态与人为形态。

① 自然形态

自然界客观存在的各种形态都是自然形态，它是人类所有艺术、创造的源泉，是一切形态的根源。自然形态种类繁多、异彩纷呈，有具有生命力的有机形态和无生命力的无机形态。其中有机形态是最为活跃、富于生命力的形态，如自然界中的植物、动物，这些形态是生物在成长过程中形成的，大多以曲面或曲线显现出饱满而柔和的美，充满生命的力感。比如人体就是很好的例子，人体的骨骼、肌肉都充满了形态的合理性与机能性。无机形态是自然界中各种没有生命的物质的形态。这些形态都是由物理的、化学的作用所形成的。如蜿蜒起伏的群山，川流不息的江水，它们与有机形态一起，构成了丰富多彩的自然形态（图 1-3～图 1-6）。

在这里我们需要说明一下的是，在形态的分类中，有机形态有狭义和广义之分。狭义的有机形态，仅仅指有生命的物质所产生的形态，广义的来说，凡是具有生命感的形体，都是有机形态，比如无机物中的鹅卵石，人类所创造的带有生物感的形态，都属于这一类，事实上广义范畴是对狭义范畴的一个引申或扩展。

　　自然界的任何物体的形态都是由其内在特性和其所处的环境塑造而成的，也就是由事物内部的作用和外部的作用共同作用的结果，当内力和外力达到一定的平衡时，便形成了相对稳定的形态，所以其造型必然适应或符合它所处的环境，否则，大自然便会将其淘汰或改变。也就是说，一切自然物的存在都有其发生、发展的规律，经过了千百万年的运动和变化，其外形的产生是有其必然的原因的。

　　自然形态对于我们研究自然、研究形态具有非常重要的参考、借鉴作用，我们的科学和艺术设计，很多都发端于对自然现象的模仿。对自然物的形态保持敏锐地观察和分析能力，是设计师的基本素质，这对创造合理的人造形态有着重要的意义。

② **人为形态**

　　人类在改造自然的过程中，造就了很多刻上人类文明烙印的形态。人类利用自身的身体或一定的工具，对各种自然形态进行加工、处理后造就了无数的形态，如交通工具、家具、建筑等。人为形态按其制作工具可分为手工和机械的两大类。以前的人为形态以手工方式为主，进入机械化时代以后，人为形态大多数是由各种工具所造就的。

　　人造物的形态在某些方面要比自然物复杂得多，它是丰富的信息载体（图1-7）。无论何种人为形态，都或多或少地体现出时代的生产力、生产关系、文化、宗教等因素的影响。而也有一些形态则是人为破坏的结果，它显示了人类行为对自然、社

上 = 图1-7　摩托车凝聚了人类的创造力
下 = 图1-8　圆明园遗址，人造物又被人为地破坏

会的负面影响(图1-8)。

生产力是人类社会中最活跃的因素，生产力的发展，决定着人为形态的产生和发展。人为形态的形成有两个重要的方面，一个是材料，另一个是工具，材料是构成形态的本体，工具则是塑造形态的手段。生产力的发展，在很大程度上也正是体现在这两者之上。纵观历史，我们可以发现，很多情况下人类是以材料或工具的不同来划分时代的，这也正好说明了这一点。科学技术的发展水平是影响产品外形最重要的因素之一，很多产品形态的发展都体现了这一点，汽车是一个非常典型的例子。同时产品的功能、构造等，也对人造形态的形成有着重要的影响。关于技术、功能等对形态的影响，我们在后面的章节中还会专门提到。

人类通过自身的活动，造就了大量的人为形态，可以说，现代人是生活在各种人为形态的包围之中，工业产品就是非常重要的一类，我们学习工业设计的目的，也正是要创造美的人为形态，为人类的生产、生活服务，在本书中，我们重点讨论的也是人为形态。

2. 概念形态

概念形态又可分为几何形态和符号形态。

① 几何形态

几何形态为几何学上的形体，它是经过精确的定义和计算而做出的形体，具有庄重、明快、理性等特性(图1-9)。几何形态按其不同的形状可分为三种类型：

圆形：包括平面圆、球体、圆柱体、圆锥体、椭球体、椭圆柱体等；

方形：包括平面方形、正方体、长方体、正多面体等；

三角形：包括平面三角形、三角柱体、三角锥体等。

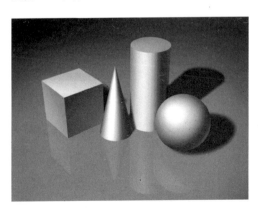

■图1-9 几何形态

以上三者是构成几何形态的基础,其他复杂的几何形态,都可以由这三者合成。其中,圆是最完整和稳定的图形,球体是圆满、饱满的象征,形体表现柔和,富有弹性和动感。其中扁圆球体是球体的变形,有向外扩张之感,扁圆柱体既有柱体的率直性,又有轻、薄之感,却又充满张力。这些带有曲面形态的形体,具有很强的表现力。方形表现为庄重、刚强,棱线挺拔而富有力度,并且有很好的体量感。三角形是一种比较稳固的图形,在产品设计中,很多需要稳定性好的结构,大多设计成三角形,同时它具有比较尖锐的特性,从外部看,又有一种向外扩张的感觉。

② 符号形态

符号最初是语言学的概念,对符号的研究的方法和对象都比较单一。语言、文字是最典型的符号系统,是随着人类的发展,由于沟通、表达的需要逐渐发展起来的,如今已经发展成完整的系统,也已形成了专门的符号学来研究语言符号问题。随着符号学研究的深入以及各个学科的互相渗透、综合发展,现在的符号学已经融入了人类学、心理学、社会学、形态学、传播学等内容。我们这里所讲的符号形态主要是指形态学范畴的。

图1-10 标志是一种符号形态

符号形态是对现实形态的一种抽象和概括,是一种表示成分(能指)与一种被表示成分(所指)之间的结合体。我们平常所接触到的标志,就是一种符号形态,当我们看到一个企业的标志,我们就会自然地联想到这个企业的形象、产品等(图1-10)。在产品中,也充满着符号形态,将符号学原理应用到产品领域,就形成了产品符号学,其中的一个研究形态与意义的关系的重要分支就是产品语义学。产品造型中关于体现产品的象征性、如何使用、环境提示等内容的形态都属于符号形态。

（二）各种形态之间的关系

虽然形态可以被划分成上述几个类别，但是各种形态之间也并不是孤立的，它们彼此之间是存在着联系的。

自然形态虽然千姿百态，但事实上各种有机形态和无机形态都蕴含着基本形态的原型。在几何学中，圆形是一个重要的基本形，而在自然界中，圆形也是无所不在，可以说是最普遍的形体，宇宙中的星体是圆的，下落的水滴是圆的，鸟类的蛋是圆的……*(图1-11)*。塞尚说"自然界的物象，都可还原简化为球形、圆锥形、圆柱形的构成。"他把自然界中繁杂的形态还原到单纯的形态之中，以数个几何形态代表所有形态的基本特征，这种对形态的观念给后人很大的启示。我们在后面的章节中对形态的基本构成元素所作的讨论，也正是基于这种观点。

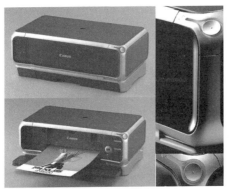

产品、建筑是典型的人造形态，但是也往往以概念的几何形态的形式出现的；而产品语义学，又将抽象的符号形态引入其中。所以现实形态和概念形态在很多情况下都互相交融在一起，我们也常常是通过概念形态来研究现实形态*(图1-12，图1-13)*。

而很多自然形态也都带上了人为因素，比如经过人们塑造的观赏植物，它既有自然的属性，也带有人造的痕迹，已经很难说单纯是自然的还是人造的了，现在随着人类利用自然、改造

上 = 图1-11　葡萄显示出饱满的球形
中 = 图1-12　几何造型的打印机
下 = 图1-13　方体造型的世贸大厦

自然的深度的拓展，完全没有人工痕迹的自然形态已经很少了。

对于抽象形态中的几何形态和符号形态，它们之间一般是按"几何模型—图形—文字—符号"的顺序演化的，可以相互转化。其中，图形是将几何模型第一次抽象后的产物，也是形

象、直观的语言；文字语言是对图形的描述、解释与讨论；符号语言则是对文字语言的简化和再次抽象。

任何一种分类，都是按照某一个原则进行的，所依据的原则不同，分类的形式也就不同了。

从形态的维度来说，还可以分为线性的一维形态、平面的二维形态、立体和空间的三维形态，如果加入时间的因素，还可以形成四维形态，三维动画就属于这一类，而几何上的点是没有纬度的。当然，在现实中，真正的一维形态和二维形态是不存在的，它们本身是一种概念化的形态，同时，这些不同维度的形态往往是相辅相成、共生共融的，很难单独割离开来。但是在本书中，限于篇幅，我们主要讨论的是三维立体形态。

另外形态还有积极与消极之分，正如在平面图形中图与底的关系一样，在立体形态中，那些直观化的实际占据空间的形体称为积极形态，而那些周围和内部包容积极形态的空间，则构成了消极形态。任何造型设计均是积极形态与消极形态的综合体。通过对积极形态和消极形态的研究和分析，有利于人们在形态设计上充分利用实体对空间限定的影响，来创造富于虚实变化的立体形态。这一点，我们在后面还会谈到。

图1-14 由基础形态所构成的集成电路

二、基础形态及构成要素

在世界万物中，任何形态不论其如何复杂，如何奇特，无论是自然形成的，还是人为造就的，都可以分解为形态基本的构成要素，都有其形态生成的根据。也就是说，形态万变而不离其宗，任何形态都可以归结为点、线、面、体、空间五种基础形态（这与前面谈到过的形态的维度是相统一的，即构成不同维度的最原始的形态也就是构成不同形态的基本要素，图1-14）。虽然形态的构成方式有无穷多种，但是这些形态构成的原则、原理都是相通的，形态的基本要素是确定的，它带有很强的基础性，所以，对形态的讨论就必须从形态的基本要素着手。

基础形态是一切设计、造型的根本，对基础形态的创造、变化以及形态与功能、构造、材料、工艺等关系的探讨与研究是基础设计的主要任务。这种观念的确立，与包豪斯的探索和实践是分不开的，在包豪斯的教学过程中，即用基本的几何形态来做形态练习，全面探索形态变化的可能性。作为一个设计师，时时刻刻都要把这些基本形态放在心里，接触到一切产品形态时，都要求能够去除非本质的东西，把形态还原为几种基本形态的组合。

在前面的形态的分类中，我们知道，形态有维度之分，因而存在着二维的点、线、面、体、空间（二维的"体和空间"是在平面上创造的一种幻觉）和三维的点、线、面、体、空间的区分，也就是形和形体的区别，事实上，这两者是紧密联系的，对前者的探讨是平面构成、图形等课程的主要内容，在本书中，我们主要讨论的是后者。

同时，形态可以分为概念形态与现实形态两大类，作为形态的基本要素的点、线、面、体、空间也可以分为这两大类。在几何学里，点、线、面、体是其形态的基本要素，点是空间的位置；线是点移动的轨迹；面是线移动的轨迹；体是面移动的轨迹；而空间则是这些形态存在的场所。

在几何学中，空间的点是没有大小的，线是没有粗细的，面是没有厚度的，而体则是没有重量的。也就是说，实际上几何学中的基础形态只是一种概念中的物体，是只能感知而不能表现的。这样对于我们造型设计而言，这种概念中的形态毫无价值，因为它们不具有实用性。为了理解这些形态的基本要素，并为造型设计活动服务，我们就必须将这些几何学上的元素直观化，变成能够被我们把握和表现的现实物体。

造型设计中的点、线、面、体、空间是客观存在的，点有大小，线有宽窄、粗细，面有厚度，体有重量，空间有范围。但是当点、线、面、体、空间这些概念的形态元素被现实化，并赋予了实际的物理的特性后，它们之间的区别就变得相对了。这些元素所呈现的特征，必须跟特定的环境结合起来考察。当我们在飞机上从高空俯视大地的时候，地上的建筑都成了一个个小的点，马路则成了一条条线；但是当我们回到地面，身处其中的时候，我们面前的建筑可能体量庞大，气势恢宏，而马路则空间开阔，无限延展。同时物体给我们的印象，还受到其自身尺度的影响，也就是长、宽、高三者的对比。比如长和宽的比例非常悬殊，那么在这个方向上，该物体容易形成"线"的感觉；而长和宽与高的比例非常大，则容易形成"面"的感觉。

在几何学上，点、线、面、体、空间纯粹是一种理论上的抽象观念，其意义是确定的、不变的，它们与我们设计造型上的基础形态元素是有差别的，后者的主要视觉特性是建立在生活经验的基础之上的，形态的感受带有主观性。所以我们在探讨、研究的过程中，往往要将我们设计的形态制作出来，而不仅仅是画出来，这样才能体现出形态的全部特征，这一点也正好反映了本课程的实践性。

下面我们逐个讨论一下作为设计中的基础形态的点、线、面、体、空间的特性。

（一）点

在设计中的点，是具有一定的形体的。线的端点或交叉，必然构成点，所以相对小单位的线或小直径的球，被认为是最典型的点。只要形体与周围其他造型要素比较时具有凝聚视觉的作用，都可以称为点*(图1-15)*。

| 图1-15　点的形态

如前所述，对点的判断完全取决于它所存在的空间，无论它以任何大小和形状出现，只要它在整体空间中被认为具有集中性，并成为最小的视觉单元，都可以认为是点的造型。比如夜空中的星星，我们很自然的把它理解成点，"星星点点"，汉语中"星"的本意即有一小块、一小片的意思，而实际上，星星大部分是比太阳还大得多的恒星。

点的另一个特性是可以通过对视线的吸引而导致心理的张力。即当只有一个点时，人的注意力便会完全集中在这个点之上；如果有两个相等的点同时存在于一个画面时，视线将会在这两点之间来回反复，而在心理上将产生一条线的感觉。如果同时并存于同一空间的两个点大小不相等时，视觉方向常常根据由大到小或由近而远的顺序，在心理上产生移动的感觉。当同一个空间有三个以上的点同时存在时，就会在点的围合内产生虚面的感觉。点的数量越多，周围的间隔也就越短，面的感觉越强。同时，大小不同的一群点聚集在一起会产生动的感觉，当很多点是同样大小时，则有相对静止的面的感觉。对于这些，我们在平面构成中已经有所了解，对于立体形态而言，这一点具有相通性。

（二）线

当形体的某一方向的尺度远大于其他两个方向时，我们就将它称为线，同时面的转折和边界也给人以线的感觉，形成消极的线。

图1-16 由线体所构成的雕塑

线是一切形态的代表和基础，一切形态都有线，在很多情况下，我们就是依据线来认识、界定形体的，我们对形态的把握，在很大程度上，是依靠对轮廓线的提炼而获得的。线的表现力最丰富，它是形态要素中最为重要的，很多艺术形态，都以线作为主要表现手段（图1-16）。

参照几何学上的概念，我们也可以认为，线是由内在的点运动所产生的，因此点的运动的速度、强弱和方向也影响着线的表现力。例如，点的运动速度快，强度大，加之方向发生变化而形成的线饱满而有张力；点的运动速度慢，强度弱，则容易形成感觉柔软的线。点的运动方向发生变化的，则形成曲线，方向不变的，则形成直线。从视觉心理上看，直线给人以单纯、明确、刚硬、理智并具有男性化的印象；曲线则给人以优雅、圆滑、柔软、抒情及女性化的感觉。

线的粗细变化对线的表现力有很大的影响。一条细的线能表现出瑞丽、敏感而快速的效果；

一条粗的线则能显示出刚强、稳健而迟缓的特质。对于同一条线，线的粗细的变化，能够体现出内在运动的韵律感，具有很强的表现力。

（三）面

在三维形态中，一个维度的尺度远小于另外两个维度的形体给我们以面的感觉。由于面是由边界的线所限定的，所以面的边界线的形态对面的表情有很大的影响，也就是面同时综合了线的表情 *(图1-17)*。

面分为平面和曲面两大类，平面具有平整、刚硬、简洁之感，曲面具有起伏、柔软、温和、富有弹性和动感的特点。作为设计中的面，由于具有厚度，所以两个侧面的形态可以有所变化，更加丰富了面的表现力。

面的情感含义是轻薄而具有延伸感，面是线与体的综合体，介于线材与块材之间。对面的观察的视觉方向的不同，会产生不同的感觉，面的切口、面的边界方向有近似于线的感觉，而非边界的连续的面却给人以体的印象。所以，对于面的形态，如果处理得当的话，就能使人产生既轻盈又充实的感觉。

（四）体

我们将占据一定空间的、形体的三个维度的尺度都相对较大的形态称为体 *(图1-18)*。体有实心体与空心体两种。实心体是内实块体，空心体则是被面包围所构成的体。由面包围成的封闭的空心体，其外观与实心的块体没有区别，但我们在理解、构思时，可由面的拼接或块体的切割来考虑。一般来说，由面构成的非封闭的形体，如果它的开口相对较小，我们也将它看作体。

上 = 图1-17 由面所构成的形态。较窄的面也体现出线的特点
下 = 图1-18 由体块所构成的雕塑

由于体的构成离不开线和面，所以体的表情在很大程度上依赖于线与面的表现力，通过体的表面的不同变化，可以形成丰富的变化。由于立体的形态是以占据空间作为主要的特征的，所以无论从任何角度都可通过视觉和触觉来感知它的客观存在，因而，体量感也就成为它最大的特性。体量感是形态表现的重要内容之一。

（五）空间

空间是物质存在的形式之一，是由长、宽、高所限定构筑的形态。对空间的理解有狭义和广义之分，狭义的空间概念（也就是我们通常所说的空间）是与实际的形体相对的，是指实际存在的物质所处的"空"的部分或所构筑的"空"的部分；广义的空间是指"三维的"形态，包括实空间和虚空间两类。实空间是实际存在的形态（也就是由上面所说的点、线、面、体所构成的实体），而虚空间也就是狭义的空间概念，是指立体形态向周围扩张的空间，它包括实空间内部的空隙和它的周围与外界的过渡性空间（也称为灰空间）。我们这里所说的空间，指的是狭义的空间概念。

实体是客观的，不变的，厚重而封闭；而空间则是相对的，通透而缥缈，它随着环境、视点、观察者的变化而变化。实体和空间是相伴而生的，空间的存在，是对实体的重要补充，忽略了空间，实体就变得干瘪、苍白、没有生命力*(图1-19)*。

格式塔心理学认为：视觉形象永远不是对感性材料的机械复制，而是对现实的一种创造性的把握，它把握到的形象是含有丰富的想像性、独创性、敏锐性的美的形象。空间的存在在这个视觉心理的形成过程中，发挥了非常重要的作

上＝图1-19 由体块所围成的空间形态
下＝图1-20 亨利·摩尔的雕塑。空间成为重要的表现元素

用，设计者在创造视觉形态时，应该力求给观察者留下能充分发挥想像的空间。雕塑大师亨利·摩尔的作品就非常注重这种虚实空间的关系，大大增强了作品的表现力 *(图1-20)*；中国古典建筑讲究通透，也是出于这方面的考虑，这种把建筑的实体与空间自然融合的方式，可以丰富空间的层次，拓展景物的内涵。

（六）点、线、面、体、空间之间的关系

点、线、面、体、空间作为构成形态的基本元素，它们之间不是孤立的，而是紧密联系、不可分割的。对于它们之间的关系，在我们前面对上述的基础形态的讨论中，也都有所穿插，它们之间的区别是相对的，彼此的性状也是互相界定的。

空间是形态存在的前提，没有空间也就没有其他元素的存在。点、线、面、体都必须在空间中出现，并与之发生联系。

点的连续可以形成线的感觉（这正好印证了在几何学中线是由点的运动所产生的概念），点的集合可以构成虚面或虚体 *(图1-21，图1-22)*。由点连成的虚线和由点集合构成的虚面、虚体，不仅有着时间上的连续性，同时也给人以空间的通透感。

左=图1-21 点的集合形成了一个虚面，线的集合又形成了虚体

下=图1-22 大小不一的点的集合构成体的造型

在视觉效果上，虽然不如实线和实面那么敏锐和肯定，却更富有韵律和变化。

在几何学中，线的移动形成面，同样的，在设计中，线的排列形成面和体的感觉。平面性的线的围合同样能够给人以虚面的感觉（*图1-23*），而立体的围合框架，则形成一个虚体，这与我们将面和体的边界作为线的现象是互为因果的。这个虚的面和体与实际存在的面相比，具有灵动、通透、富于变化的特点。

同样，面的排列形成虚体（*图1-24*）；面的围合形成体，而没有完全封闭的面的围合，与面之间有着相通性。如果围合后开口较大，就以面的特征为主了。分割立体可得到面，分割的方法不同，则得到的面的形式也不同，面的堆积又可还原成体。

虚线、虚面、虚体的产生，一方面是受我们以往的视觉经验影响的结果，另一方面，也与我们的认知心理有着很大的关系。上面提到的格式塔心理学也称为完形心理学，该心理学理论认为，人类对于任何视觉图像的认知，是一种经过知觉系统组织后的形态与轮廓，而并非所有各自独立部分的集合。人类的认知系统，有一种把原本各自独立的局部串联整合成一个整体的本能。

相对于点、线、面、体等立体形态而言，"空间"是一种无限、无形的概念，将空间转化成形态需要有积极形态（实体）的界定，由实体所限定的虚体成为特定的消极形态（空间）。因此，实体界定了空间，空间依附于实体而存在。同时积极形态与消极形态的概念，在特定的专业活动中，其意义和价值可为互为转换。

老子曰："三十辐共一毂，当其无，有车之用。埏埴以为器，当其无，有器之用。凿户牖以为室，当其无，有室之用。是故有之以为利，无之以为用。"也就是说，用泥巴塑造出器物，这器物的本质便不再是泥巴，而是形成了"无"的空间，

上 = 图1-23 线的排列所形成的面
下 = 图1-24 面的排列所形成的虚体

可以作为容器；同样，用实际可见的建筑材料进行构筑，可以形成虚体的空间供我们使用，也就是我们利用"有"创造了"无"。老子的这段话，非常精辟地论述了"有"和"无"之间的关系。"有无相生"，充分说明了空间和形体不可分割、共生共融的关系（图1-25）。

比如，从雕塑专业的角度讲，积极形态为主，消极形态为辅；而在建筑专业方面，则相对应是消极形态（空间）为主，积极形态为辅（图1-26）。在产品设计中，对于一个造型设计人员而言，他既要考虑到产品外部的美观性，又要考虑到产品内部空间的合理性，但是这两者比较起来，更关心还是外部的积极形态，而对于结构设计师而言，他则更多地考虑内部的消极形态，结构是否合理，内部的元器件是不是放得下是他最关心的问题。而对于像汽车这样综合性的产品，积极形态和消极形态都非常重要，所以在设计过程中相互之间的协调也就显得非常重要，汽车设计之所以复杂、难度大，这也是一方面的原因（图1-27）。

同时，点、线、面、体、空间之间也有各自不同的特性，彼此区别，共同构成了丰富多彩的形态世界。点具有确定空间位置的作用，线具有贯穿空间的作用，面具有分割空间的作用，而体则有占据空间的作用。越大的点就越失去点的特性，所以点的本质是"小"；越短的线越失去线的特性，所以线的本质是"长"；越厚的面就越失去面的特性，所以面的本质是"薄"；而作为体，它的本质则是占据空间。

在形态构成的层次上，点、线、面、体、空间是逐级包容的，线具有点的元素，面具有线的元素，体则具有面的元素，随着形态的复杂化，表现力的丰富性也逐渐提高。

上＝图1-25 形体的"有"和"无"
中＝图1-26 建筑内部空间
下＝图1-27 汽车的形体与空间

第三节　创造美的形态

我们讨论形态的目的，就是要创造一个"美"的形态，然而怎么样的形态才是美的呢？关于如何是"美"的命题由来已久，古今中外各有论之，美的观念，受民族、宗教、性别、时代、地域等多种因素的影响，具有差异性。

然而美的存在又是客观的，它在一定时期、一定的地域内，具有共识性，是能够进行客观的衡量和评判的。设计师正是利用这种形态美的共性，加之个人情感的发现，来挖掘、创造美的形态。

形态必须给人以美感，而美感则是审美主体与客体之间发生感应的结果，审美行为的发生，需要有对美的事物有感受能力的审美主体，同时需要有能释放至美刺激能量的审美客体，缺一不可（图1-28）。

图1-28　梯田的优美形态

在产品造型设计的实践中，设计师作为产品形态的创造者，首先要有对形态美的感悟能力，要具有判断一个形态美与丑的能力，如果缺乏对形态的感悟与评价能力，又如何谈得上创造美的形态呢？

同时作为设计师，首要任务是赋予设计作品至美要素，形态的至美要素包括：本质美、形式美与表现美三个方面。所谓本质美，是指人的心理对形态各种内力力象的感受与把握；形式美，是指形态的构成与组织符合形式美的法则；表现美，则是本质美与形式美的构形要素，通过生动的表达技巧所体现的综合美感。这就好比一部文学作品，它所要表达的主题是真、善、美，这是一个正面的、积极的主题，所以具有本质美；同时它采用了小说这种善于深刻表现主题的形式，故事安排巧妙、合理，具有形式美；最后，小说的言词优美、生动，刻画细腻、感人，具有表现美。

由上可知，要创造"美"的形态，一是要形成主体对形态"美"的心理感觉，二是形态要符合形式美的法则。心理感觉就是指人脑对直接作用于感觉器官的客观事物的反映，是由感觉所受的刺激引起视知觉的兴奋和传导，并且根据以往的知识经验来理解对象的，它是相对主观的、个性的。而形式美的法则是从无数美的现象与创造美的实践中总结出来的，是相对客观的、共性的，能够对美的创造活动提供指导和参照。

一、形态心理

（一）力感

艺术设计中的力感是一种视觉力感，与自然科学中的力的概念有所不同，但两者之间又有着必然的联系。力感，是由人的心理感受所产生的，形态给人的力感是人对各种形态的认识和对造型产生的共鸣在心理上的反映。自从人类产生以来，就生活在受自然力所支配的环境之中，因此，力的心理效应与自然科学中的物理力息息相关，人对形态的"力"的感觉是现实中力的作用现象对人的心理所造成的影响的一种反映，源自于人对过去的阅历和经验的联想。一个产品形态给我们坚强有力的感觉，就是因为这个形态与现实中那些具有坚强有力的特征

左＝图1-29　石材的"编织"造型，显示出强烈的力感
右＝图1-30　粗大的绳子横空出世，充满了力量

的事务有着相通之处（图1-29，图1-30）。

在前面我们已经谈到，形态的产生是物体的内力和外界的力共同作用的结果，所以"力"是形态产生和变化的原因。追求有力感的形态，是造型艺术、产品设计的目标，没有力感的形态，就必然没有生命力（图1-31，图1-32）。

然而什么是力感？力感在本质上表现为一种对平衡状态的偏移，用耗散结构的话来讲，就是"远离平衡状态的平衡"。

在物理学上，平衡指的是力与反作用力的相等，包括两种形式，静力学的平衡与动力学的平衡；前者如一幢高楼稳固地耸立在地面之上，处于安定状态；后者如一颗人造卫星以一定的速度围绕着地球飞行，与地球的引力相均衡。我们这里指的平衡是形态上的平衡，但是形态上的平衡本质上也是一种力的平衡，是形态内在的力与外界的力相平衡的结果。

柏拉图说现实世界是对理念世界的回忆，这个话在某种意义上是有道理的。对于一个已经存在的物体来说，力的作用能够改变它的形态，这种形态的改变，是针对某个原型来说的。我们在观察、认识事物的时候，有一种心理本能，就是将我们看到的形态与我们内心的某些原型进行比较，并在两者之间判断出位置或形态的差异，从而产生对该事物的认识。

我们已经知道，任何形态，都可以最终分解为基础形态；任何不规则的形态，如果将其单纯化，这个形态就会逐渐地趋近于三原形。这就是我们内心的形态原型，这是一些非常单纯的形体，稳定而均衡。当我们所观察到的事物与我们内心的这些原型有差别，我们就会将注意力集中在这些差别上，同时想像是何种力量使得它改变了正常的位置或形态，这个过程也就能感受到使形态产生这种改变的力的作用，也就使形态产生

上＝图1-31 瓶子的倾斜造型，产生了力感
右＝图1-32 花瓶中部的凹陷，使人感受到力的作用，仿佛是被捏扁的一般

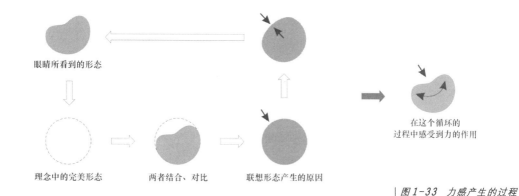

图1-33 力感产生的过程

了"力感"。如饱满的形态往往有一种向外扩张的力感，前倾的物体有一种向前的力感，弯曲的物体有一种弹力感*(图1-33)*。

比萨斜塔之所以这么有魅力，这也是一方面的原因。当人们看到它倾斜的样子，就会与心中正常的位置进行比较，继而感受到造成这个改变的力的作用。这实际上也部分地解释了缺陷美产生的原因，因为真正的完美是各方面都均衡的一种状态，这也就成了一种静止的状态了，失去了力的感觉*(图1-34)*。

当然这种力的作用和由此带来的形态的改变都必须单纯，这样产生的形态才会明快而充满力感，如果力的作用过于复杂，那么形态内部的力与外部的力就会发生冲突，从而使形态变得过于复杂，引起人视觉上的混乱，继而使观察者难以联想到它的原型，形态也就失去了力感。所以增强形态力感的方法之一，就在于强调形体的最大特征，略去细微，使形态尽量简洁，突出形体充满张力的部分，即对外力有较强反抗感的要素。

具体地说，力感包括量感、动感、空间感、生长感等等。当然这些感觉之间也是互相联系的，正如人的不同感觉之间可以交错相通，形成通感，这些不同的感觉也往往交错、综合在一起。

图1-34 著名的比萨斜塔

（二）量感

形态设计中的量感，可以理解为体积感、容量感、重量感、范围感、数量感等，包括两个方面，即物理上的量感和心理上的量感。物理量感通常来自形体的大小、材料的重量等因素，是可以进行客观的度量的。如同样物质的形态，体积越大，量感越强；而同样的形体，金属材料的要比塑料的重。心理量感是指人们在感知某一形态后心理所产生的量感，实际上它与物理量感是联系在一起的，是实际的物理量感的经验在我们内心的反映，它受到物体的形态、色彩、肌理、材料等因素的影响，比如，在重量感方面，一斤铁的感觉要比一斤棉花重，同样形态、重量的东西，涂上不同的颜色，重量的感觉就不一样了*(图1-35)*。

左 = 图1-35 雕塑强调了臀部和腿部的体量
右 = 图1-36 螺旋状的形体与球体的结合，体现出很强的动感

（三）动感

生命的本质在于运动，具有动感的物体才有生命力。因而只有带有动感的设计，才会有很强的吸引力。物质的运动是绝对的，静止是相对的，但在人们的感觉中总把那些相对静止没有变化的物体当作是静止的。而我们所要创造的动感并不是实际的运动，正是要让相对静止的形体看上去有动态的感觉。正因为如此，设计师就要创造一种"静止的动态"，也就是有动势的一种静态，就像一个在起跑器上准备起跑的运动员，虽然是

静止的，但是我们能够感受到强烈的动势。在设计中，往往通过体、面的转折、扭曲，形体、空间的有节奏的变化，线形的方向的变化来表现形态的动感*(图1-36)*。

（四）空间感

我们在前面已经谈到过空间的问题，这里主要讨论空间给人心理的感觉。这种空间心理感觉是来自于形体向周围的扩张而产生，心理空间是随着物体形态在空间变化中的大小，所构成的一个视觉心理范围，也称为知觉场。相对来说，高大的物体心理空间大，矮小的物体心理空间小；开放的形态心理空间大，封闭的形态心理空间小。如造型与造型之间的间隙空间，由于相对的造型之间具有强的力的作用，使得这种空间产生一种紧张刺激感，比如，两山之间的一线天、峡谷等形态，都给人强烈的视觉感受。空间的进深感也是比较重要的一种，增强进深感的方法有多种，可以在进深方向上安排适当的形体，通过形体的大小、位置等的处理，增加空间的层次；也可以通过加强透视感，夸张物体近大远小的渐变，使空间产生一种距离感；还可以通过镜子反射、光影变化等来托深空间感*(图1-37)*。

图1-37 透视和光影的变化所营造的空间感

二、形式美的法则

形式美的法则有对称与均衡、对比与调和、安定与轻巧、比例与尺度、节奏与韵律等，其中每点的双方既有矛盾的因素，又相互联系、相辅相成，反映了事物发展的对立统一规律。对立与统一是矛盾的双方有机地体现在一件作品之中，没有对比只有统一，则单调乏味，只有对立没有统一则会显得杂乱无章。矛盾双方共同作用，有机结合，在统一中求变化，在变化中求统一，在对立与统一中形成形式的美。

（一）对称与均衡

对称，即以物体垂直或水平中心线（或点）为轴，其形态

或上下或左右或中心对应，包括绝对对称和相对对称两种形式。绝对对称是指对称的形态一模一样，毫无差别；相对对称则是指对称的形态稍有区别，但总体感觉还是相同的。对称的形式美感，具有一定的规律性，是统一的、正面的、偶数的、对生的。在形态设计中，对称的表现手法经常被采用，它是较好的表现形式，有庄重、大方、静穆、条理、完美、稳定之感。自然界中到处可见对称形式，各种动植物的形态，绝大部分是以对称形式出现的，人体就是最好的范例。在艺术设计中，从古至今其范例随处可见，从中国古代青铜器的饕餮纹和中外历代的宫廷建筑、宗教祭祀建筑，到现代的家具、交通工具等，都是以对称为主的*(图1-38)*。

均衡，即在形体的某一个轴（可能并不是实际存在的）的左右或者上下的形态并不完全相同，但从两者形体的质与量等方面却有着相同的心理感受，也称为"非对称的平衡"*(图1-39)*。这就像天平，两端的物体可能完全不同，但通过合理的配置它还是能保持平衡。均衡具有变化的活泼感，是奇数的、不规则的，如处理不当，容易产生失衡和杂乱之感。在形态设计中，如何处理形体的虚与实、整体与局部、表与里等的组合以及其他要素的构成关系，是获得良好均衡感的关键。通常，大的形体比小的形体心理量感强烈，高彩度形体比低彩度形体心理量感强烈。在形态处理当中，当一边的形态过大而感到不平

上＝图1-38 完全对称的汽车正面造型
下＝图1-39 不对称的造型通过均衡来体现良好的平衡感

衡时，可以通过对它进行分割，来弱化它，从而获得均衡；也可以通过将量小的一边远离虚拟中轴的办法来获得平衡（类似于我们的杆秤的原理），当然也可以通过色彩的处理来解决。

（二）对比与调和

对比，是指在一个造型中包含着相对的或相互矛盾的要素，是两种不同的要素的对抗。"绿叶红花"讲的是色彩的对比，"鹤立鸡群"讲的是形体的对比，直与曲、动与静、简单与复杂等都可以构成对比。应用对比的设计手法，可使形态充满活力与动感，又可起到强调突出某一部分或主题的作用，使作品个性鲜明。

调和，是指整体中各个要素之间的统一与协调。调和可使各要素之间相互产生联系，彼此呼应、过渡、中和，形成和谐的整体。就形态而言，包括点、线、面、体等诸多要素的调和，通过对诸因素的调和处理，可获得形态构成美的秩序。

形态的对比与调和包括线形、体形、方向、虚实等方面（图1-40，图1-41）。这个法则是形态设计中最富表现力的手段之一，既可强化和协调形态的主从关系，又能充实形态的视觉情感。但是在具体的运用中也要注意，如果对比行之过度则易产生杂乱之感，而调和过度则显得静止、缺少活力。该法则的运用，要形成一种整体的观念，既要考虑主次关系，因为运用对比手法，本身就是为了强调对比中的某一方，所以对比的双方

左＝图1-40 不同的形态、材料被有机地结合在一起
右＝图1-41 产品中形态、材料等对比与调和

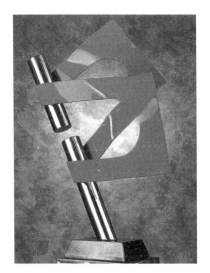

上=图1-42 雕塑轻巧的上部与安定的底座
下=图1-43 产品中利用技术解决了稳定与轻巧的关系

不可以等量齐观,要有所侧重,这样才能突出要表达的主题;但是也不可以对比过于强烈,使形态失去整体的协调性。应力求在对比中寻调和,在变化中求统一。当然这个"度"的把握有一定的难度,需要在实践中慢慢领悟。

(三)安定与轻巧

所谓安定,是指形体客观物理上的稳定性与主观视觉心理的稳定感。形态要达到平衡才能稳定,平衡包括对称所产生的绝对平衡和均衡所产生的相对平衡。三原形体具有很好的安定性,所谓三原形体是指正立方体、正三角锥体和球体,这三种形体是构成立体形态的基础,也是外形最为肯定的形体。影响形态稳定的因素还有重心高低、接触点面积大小、数量的多少等方面。形体尺度高则重心上移,容易形成轻盈之感,形体尺度低矮则重心下降,给人稳重踏实之感;形态底部与承托物之间触点面积较大,则稳定感强,反之则轻巧感强(图1-42)。巧妙地利用线、面、体的分割与组合也能使原本显得粗笨的形体变得轻盈灵巧。

安定与轻巧同样是需要统一的,过分安定,则显得笨重,过分轻巧则显得不够稳重。安定与轻巧的相互关系,没有具体的尺度,一般形体小或薄、质轻的产品主要强调安定感;形体大而厚、质重的产品主要强调轻巧。设计的过程就是一种权衡,根据产品的用途、材料、使用对象等作具体分析,做出恰当的处理(图1-43)。

(四)比例与尺度

比例,是指部分与部分,或部分与整体之间的数量比率关系,即形体相互间美的关系,对于产品来说，是指产品形态自身各个部分之间的比。

黄金分割比（1：1.618）是全世界公认的一种美的比例，约在公元前500多年前的毕达哥拉斯学派，从纵、横线的比例关系和从数的量变中发现了黄金分割法。黄金分割比于是被广泛地使用，后来在古埃及、希腊的神殿、城市规划等都有运用（图1-44）。这个比例也与人体有着密切的关系，人体的尺度中存在着大量黄金比。若以人眼的视域范围衡量黄金比，其数比关系所构成的形态与人的视圈极为和谐，这就是黄金比成为最美的比例的原因之一。在产品设计中，黄金分割比也经常被用到。

左＝图1-44 形体的分割、渐变体现了良好的比例关系

右＝图1-45 产品造型元素间比例关系协调，同时又符合操作的尺度需要

关于数的比例关系还有多种，如根号数列比、等差数列、等比数列、费波拉齐数列比等，也都有着广泛的运用，比如我们常见的书籍，其长度与宽度之比，大部分是平方根关系。

所谓尺度，是指形态与人的使用要求之间的关系。一般来说，尺度都有一定的尺寸范围，是受人的体形、动作和使用要求所制约的，不能任意超越，并有特定的合理性。优良的设计，都同时有着合理的尺度和美的比例（图1-45）。

建筑物有严格的尺度标准，它关系到建筑的功能性和经济

037

性，是衡量设计是否合理的标准。各种产品，也有不同的尺度要求，如普通椅子椅面高45cm左右，因为这符合一般人的坐高，太高或太低坐起来就不舒服，所以产品形态各部分之间的尺寸关系，必须在一定的尺度范围内来权衡美的比例。

（五）节奏与韵律

节奏与韵律是指同一现象的周期反复，原为诗歌、音乐、舞蹈的基本原理，与时间和运动有关，运用于形态设计，则是指形态要素的规则反复。

节奏与韵律是一切艺术的基本表现形式，它之所以使人产生律动的形式美感是直接受制于自然规律的缘故，季节的更迭、昼夜的交替、人体的新陈代谢及运动规律都是鲜明的体现。

"节奏如筋骨，韵律如血肉"是指音乐中的强弱、快慢、长短、高低有序的曲调，在节奏的强化之下产生情调，唱而润之，琅琅上口，形成"韵律的美"。建筑之所以被认为是凝固的音乐，那是由于建筑立面窗子与空间构件的柱子等所表现出的反复的节奏与韵律感所致。

在具体的形态设计中，我们可以利用线条的疏密、刚柔、曲直、粗细、长短和形体的方、圆等的有规律的变化，来形成形态的节奏与韵律，同时结合反复、渐变来表现律动美（图1-46）。将一个或数个形态元素作有规则的连续重复或间隔组合，可获得律动的美感，当然这个形态元素不可过多，否则容易显得凌乱，看不出节奏的变化。当然，我们也可以将多种方式合在一起运用，这样可以形成复杂的节奏与韵律关系。

图1-46 充满节奏和韵律感的雕塑

第二章　　基础形态设计

我们决定以最简单、最清楚的设计与构成元素作为起点。

——[美]亚历山大·科斯塔罗

第一节　从平面走向立体

上＝图2-1　只在平面中存在的悖论空间
中＝图2-2　建筑的立面设计
下＝图2-3　从平面视角进行产品设计

一、形态构思的平面视点

对事物的认识，我们有"片面"和"全面"之说，"片面"，也就是从一个角度来看问题，而"全面"，则是多角度、全方位地认识事物。一般来说，一开始的认识可能"片面"，尔后对事物的了解透彻了才达到"全面"认识。对于形态来讲，我们的认识也具有先从平面形态开始然后才是立体形态的一般规律。在学习的过程中，我们也是从平面逐步走向立体的，我们一般都是先学习平面几何，再学习立体几何；先学习平面构成，然后学习立体构成。

从形态的发展、演变来看，一般地说，存在着以下的递进关系：

平面　→　半立体　→　立体　→　空间　→　场所

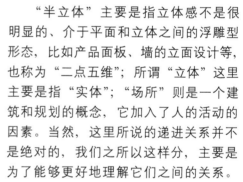

"半立体"主要是指立体感不是很明显的、介于平面和立体之间的浮雕型形态，比如产品面板、墙的立面设计等，也称为"二点五维"；所谓"立体"这里主要是指"实体"；"场所"则是一个建筑和规划的概念，它加入了人的活动的因素。当然，这里所说的递进关系并不是绝对的，我们之所以这样分，主要是为了能够更好地理解它们之间的关系。

平面的视点在形态构思中有着非常重要的作用（图2-1）。勒·柯布西耶曾说过："平面是基础。没有平面，就没有宏伟的构思和表现力，就没有韵律，没有体块，没有协调一致。没有平面，就会有人们不能忍受的那种感觉：畸形、贫乏、混乱和任意的感觉。"

在图学中，形体是利用正投影视图来表达的。在计算机三维设计中，模型的建立常需确定"基准面"，这对于形态的建立，有着非常重要的作用。同时，在计算机三维形态的生成中，平面形态的确立也是重要的一个环节，在很多情况下，对于一些立体形态，往往是先确定它的"截面"，然后对"截面"沿某一路径进行拉伸，以形成形体，这在计算机辅助设计中，是一个很重要的思想和方法。

在产品和建筑设计中，我们也总是离不开平面图，平面视角的思考有着基础性的作用。用平面视图来构思设计方案，这是目前产品设计的一个重要的思路与方法。虽然大部分的产品都是立体形态的，但是在很多情况下产品的形体往往能够区分出一个一个的面，而且很多产品并不是每个面都是一样的，总会有一个或者几个面是最主要的。这样对于其中某个面的设计，就带有很强的平面特点，尤其是类似于影碟机之类的面板设计。这种方式对于考虑产品形态的细节和布局非常有利，而且便于沟通（因为三维设计由于透视的原因，形体往往会变形），同时修改方便，所以现在很多设计公司都用平面图来做前期的方案（图2-2，图2-3）。文后所附彩图一就是对蒙德里安的绘画作品所作的立体化。

图2-4～图2-7是"三面立体"训练，这是对一个已有的基本几何体分别从三个视图进行造型，要求内容之间有一定联系，同时形态互不影响。这对于训练从平面到立体的转换能力，培养立体、空间感，很有裨益。彩图二是另外两组作品。

二、平面视图的立体化

所有立体的形态，面对一个参考平面，在平行光线的照射下，都会投影出一个平面图形。投影图上的一个点，可以仅仅还原为一个点，也可以还原为空间的一条垂直线；投影图上的一条线，可以表示空间的一条线，也可以表示一个垂直面；一个投影平面，可以

■图2-4～图2-7 "三面立体"训练，三个面的形态分别是"衣服"、"裤子"、"鞋子"

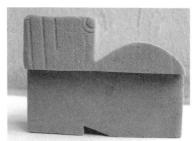

表示一个面，也可以表示空间中的一个体。而这些投影的线与面，其表达的形态可以是千变万化的，因此，只要给定一个投影图，并确定其投影方向，就可还原出无数个符合该投影图的立体和空间形态；而同一投影图，若改变其投影的方向，则又可以生成无数个完全不同的立体和空间形态（图2-8，彩图三）。

在图学中一般将看到的线画实线，被挡住的看不到的线画虚线，在这里，我们不区分这两者，统一用一种线型表示，这样可以使还原后形态变化的方式更加丰富。

平面视图的立体化是一个非常重要的思想和方法，在观察、构思立体形态时，一定要"立体"地去把握。立体形态不同于平面形态，平面图形有固定的轮廓，而立体形态则没有固定的轮廓，它是随着观察角度的变化而变化的。也就是说，不要以轮廓去把握形态，而必须考虑到厚度、进深，以轮廓把握立体，这是平面的思考方法。物体的侧面，虽然在我们的视觉所看不到的地方，但是它有自己独立的表情，同时它在进深方向上可以有丰富的变化，从平面图形到立体形态，实际上也是人的认识观念的一次飞跃，在练习和思考的过程中，一定要注意这点。

■图2-8 根据同一平面视图所作的不同形态的设计，线框图为所选择的平面视图

三、平面材料的立体化

由上一节的内容我们知道，从平面发展成立体，这是一个常用的思路和方法，在这一节中，我们将讨论平面材料的立体化，进一步体会、掌握平面向立体的转变。

第二章　基础形态设计

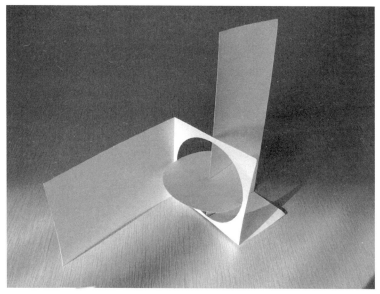

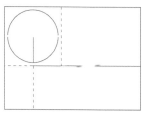

■图2-9　根据图形将卡纸立体化，线框图为平面图，实线处表示切断，虚线处表示弯折

选择一种平面材料（在练习中，我们一般选择纸），在纸上，先经过造型构思，确定一个图形，然后按照这个图形进行切割（材料不要完全切断，至少保留一处相连），再通过折叠、穿插和固定，使之成为浮雕或立体形态。这种思考与训练要求实践者有很好的平面构思与空间想像能力，同时对材料的特性有很好的把握（图2-9，图2-10）。当然，在我们对从平面图形向立体形态的转换还不是很有经验的时候，也可不确定图形，先在纸上作一些剪切和折曲的尝试。

由于这个形态是由一个完整的平面经过切割、演变而成，所以很容易还原成一个平面，同时正因为如此，该立体形态具

左＝图2-10　通过切割平面材料所作的椅子设计
右＝图2-11　由软性平面材料所作的坐具设计

043

图2-12 由平面材料的立体化所作的灯具设计

有折起的正形和被挖去的负形，两者之间有内在的完整性，这也是这种造型方法一个很重要的美学特征。立体构成课程中的"一切多折"等半立体造型练习，是这种方法的一个特例。

除了用上述方法来使平面材料立体化之外，对于刚性好的材料，还可以通过在上面切缝的方式再进行卡接，当然，如果我们采用胶黏剂或者其他的连接方式，就可以创造出更多的立体形态。对于形态改变后能够很好的维持的材料来说，也可以不通过这些，直接把平面材料弯曲，来创造充满张力的形态（图2-11～图2-14）。

平面材料的立体化是一种重要的造型方法，很多复杂的立体形态是由平面材料所建构起来的。比如折纸艺术，简简单单的几张纸，却能够折出让人惊叹的无数造型；用纸板材料所做的包装，也具有同样的特点；服装设计也是很好的例子，服装的造型千变万化，然而所用的材料却都是平整的布匹；在现代家具设计中，由于热压成型技术的运用，很多造型生动活泼的家具都是由简单的夹板材料加工而成（彩图四）。

左＝图2-13 "卡接"形态的家具设计
右＝■图2-14 纸板通过卡接所创造的立体形态，线框图为纸板的切割方式

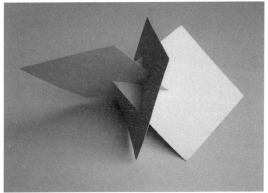

第二节　基础形态的创造

一、构造与建立

由上一节的内容我们知道，针对同一个投影视图，我们可以生成无数个不同的立体与空间形态来，而同样对于一个立体与空间形态，如果我们对此只限定一个空间范围，那么即使不考虑材料等因素，它也有无数种生成方式，它们的形态与构成方式各不相同，呈现出无穷的变化与可能。我们拿基本几何体球体来看，可以发现，即使是这样一个简单的形体，也有着丰富多样的生成方式，而这些形态，对我们的产品设计，是很有启发的，如(图2-15，图2-16)所示。彩图五是立方体的多种构建形式。

对于这个形态构建的过程，如我们抛开最初的空间范围限定，就可把这个过程看作是形态从无到有的建立过程，上面形态的丰富的变化形式，正好说明了形态的多样性和形态创造的无穷多的可能性，在进行产品形态构思时，我们可以突破既有的限定，尽可能多进行不同形式的尝试，以求得最佳的效果。

此训练，可培养我们准确观察事物和表达形态的能力，特别是对各种形态构建规律的研究，探究形态与客观生成条件之间的关系，理解形态形成过程中的逻辑性与必然性有很大的意义。

右上角=图2-15　球形的灯具造型
下=■图2-16　球体的多种构建方式

■图2-17～图2-20 立方体的分割与重构

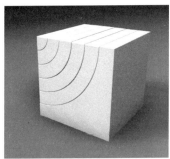
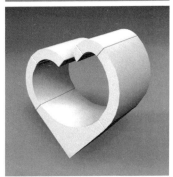

二、分割与重构

所谓分割就是将一个整体或有联系的形态分成独立的几个部分；重构则是将几个独立的形态重新构建成一个完整的整体。这两者是一种互逆的关系。

前面我们已经讲过，任何平面形态都可通过分解还原到最基本的点、线、面，而任何立体形态也都可以分解还原成立体的点、线、面、体，同时也都可以通过重新组合构成新的造型形态。这种观念是建立在现代科学观的基础之上的，任何物质，都是由最基本的原子、分子所构成，而通过对这些原子、分子的重构，又可以形成新的物体。在这里，我们仍然选择基本几何体作为分割对象，几何形态是各种形态中最基本、最单纯的形态，通过对这些形态的分割或重构，更容易创造出新的立体形态，更好地体现分割与重构的效果。

经过分割，然后对分割后的单体再进行组合、重构，这个也称作分割移位。不管是等分割、比例分割还是自由分割，与平面材料的立体化有类似之处，被分割的块体是由一个整体分割而成，因而具有内在的完整性，所以分割后的块体之间通常具有形态和数理的关联性和互补性（合理、巧妙的关联性与互补性是分割时要充分考虑的，也是评价分割好坏的重要标准），很容易形成形态优美、富于变化的作品，这也是此种造型方式的特征。这是形态的组合关系中形成形态契合的一个重要方法，关于形态的契合，我们在后面还会单独谈到，这里我们强调形态的创造。

强调这种关联性和互补性的组合、重构形式有贴加（分割体之间具有形态、数理的关联性）、分离（分割体在形态上有互补和呼应）和翻转（分割体的断面形态对称而富于变化）。而对于同一种分割，要充分运用上述形式，挖掘尽可能多的组合、重构造型。

对立体形态的分割，分割后的单体的形态越是单纯而富有变化效果越好，要避免切割过小，造成分割体过多，因为这样容易对分割体进行简单的排列组合，而非强调重构，最后的结果也往往很散乱，难以看出它们是由一个完整的几何体分割而成，也就很难体现出这种造型方式的特点。我们要力求创造一种形态上的惊喜，也就是通过对简单几何体的分割，重构出一种意想不到的效果，以下是对一个正立方体的分割与重构练习。这个练习既可以培养我们形态创造的能力，同时也可以提高对正负空间的构想能力（图2-17～图2-20，彩图六）。

在做这个练习时，可以先用橡皮泥、泡沫塑料、黏土等比较容易成型、切割的材料来构思，然后再用纸板等材料做成比较精致的模型，也可以考虑用电脑来做，这样可以克服制作上的限制，创造出更多的可能性。在做后面的形态练习时，我们也可以采用这种方式。

分割与重构实际上是一种"破"与"立"的过程。"破"可以理解为"破坏"、"突破"，"破坏"本身并不是目的，通过"破坏"行为，来产生偶然或刻意形态，这是形态创造的一个途径。通过"破坏"可以使失去活力的形态重现新的生机，在此基础上再加以变化，从而创造出新的形态，也就是达到"立"。"突破"则是对既定框架的一种超越，是事物的一种成长，也就是一种创新。所以我们说"破"也是一种创造的形式，不破不立，"破"壳而出，这是经由蜕变而获得新生，从而展现出新的形象与本质（图2-21，图2-22）。平时在设计中我们经常提到的把某一个形态"破"一下，以及在前面的练习中我们力求创造出一种形态上的惊喜，其意义和目的也就在于此。当然"破"的目的是为了"立"，这是一种辩证关系，如果"破"而不"立"，那么"破"就变成了真正的破坏行为。

上=图2-21 由立方体的展开所做的坐具设计
下=图2-22 德国斯图加特艺术学院设计作品

三、切割与积聚

在上一节中，我们针对一个给定的形态进行了分割与重构，但在大多数的情况中，比如在产品设计中，我们是要利用一定的材料，创造一个形态，这两种情况有一定的相同之处，因为

从构成走向产品设计
From Construction to Product Design

通过分割和重构,也创造了新的形态,但是两者在出发点和自由度上是有所区别的,可以说这是一种比较特殊的形态创造的方法。

一般的形态创造的基本方式有两种:切割与积聚。这两种方式与分割和重构的区别主要在于分割和重构是针对一个特定的整体进行的,在整个过程中没有量的增加和减少,仅仅是形态发生了改变,而切割与积聚则没有原始的限定,形态创造的过程中伴随着量的减少或增加。

所谓切割,就是对一个立体形态做"减法",使之"失去"或"分离",在体量上表现为减少,从而产生新的形态。如雕塑家在创作石雕或木雕的过程中,就是将一块完整的材料进行雕凿或切削,将不需要的部分去掉,形成一个具有一定形态的艺术造型(图2-23)。

相对应的,积聚就是对一个形体做"加法",使之"获得"或"组合"而产生新的形态,在体量上表现为增加。同样的,与石雕和木雕的"减法"创作方式不同,泥雕的创作过程主要以"加法"为主,雕塑家通过对一块块材料的堆积,形成具有一定形态的艺术形象(图2-24)。

产品形态的创造,同样是这两种基本方法作用的结果,一些产品形态的形成以对某一特定基本形的"切割"为主,而另一些则以"积聚"为主,当然更多的则是这两种方法结合运用的结果(图2-25,图2-26)。可以针对一个特定的基本形,通过"切割"和"积聚"的方法,进行产品感的训练,这个在后面会谈到。

左1= 图2-23 以切割为主的雕塑作品
左2= 图2-24 以积聚为主的雕塑作品
左3= 图2-25 中银大厦和中环大厦,建筑形体的切割与积聚
左4= 图2-26 通过形态的切割和积聚创造产品形态

第三节　基础形态的组合与过渡

一、形态的组合

在上两节中,我们讲到了立体形态的"分割与重构"、"切割与积聚",这里我们进一步来讲形态与形态之间的关系。既然有"重构"与"积聚",那么就必然会出现形态间的组合（图2-27）,事实上在讲"重构"的问题时我们已经提到了一些关于组合的问题,几个单体的"重构"过程,就是利用组合进行的。我们前面说过,所有的形态都是由点、线、面、体等基础形态所构成的,这个过程也就是基础形态的组合。

所谓形态的组合就是指几个独立的形态组成一个有机的整体。任何复杂的形态都是由相对简单的形态所构成的,将几个简单的形态单元进行组合,这是创造复杂形态的一种方法,这些形态单元可以是互不相同的,也可以是相同的。在这个过程中,我们主要考虑形态与形态之间的关系,强调形态组合的合理性和整体性。立体形态之间的组合关系有分离、接触、相交(穿插)三种,如图2-28所示（严格地说,形态之间还有"包容"的情况,但这属于形态内部的问题,我们这里不作考虑）。

在产品设计中,形态的组合,应根据产品的具体要求与目的,先确定一个大致的形态,然后以此形体的大小、高低、方

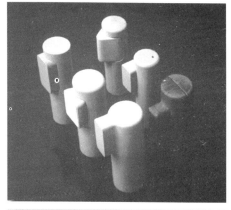

上 = 图2-27　斯图加特艺术学院设计作品,形态的组合
下 = ■图2-28　立体形态之间的三种关系

左 = 图2-29　由基本几何体的组合所构成的产品形态
右 = 图2-30　形态组合的多样性

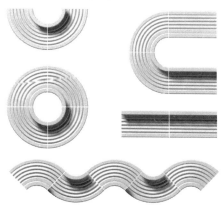

上 = 图2-31 利用形态的契合所设计的玩具（大阪国际设计竞赛获奖作品）
中 = 图2-32 契合形态的坐具设计
下 = 图2-33 契合形态具有很好的整体性

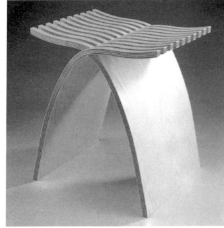

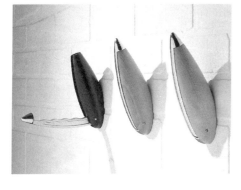

向等为基础来进行（图2-29，彩图七）。组合形态的整体感是非常重要的，它直接影响形态的表现效果，同时一定要结合产品内部需要来进行，切忌杂乱无章的盲目组合，毫无根据地创造所谓的"构成感"是不可取的。

为了创造更加多样化的形态，我们可以在考虑整体性的前提下，同时考虑形态组合的多样性、互换性和兼容性。用最少、最单纯的形态单元（这些单元之间必须有着密切的内在联系），利用这些单元的排列组合，来创造出最丰富多变的形态。这种组合的形态也具有其独特的审美价值，通过单元形态的有规律的排列和组合，能形成稳定、有秩序而简洁的外观形态。由于很多排列组合形成的形态都具有内在的数理逻辑，因而给人以理性的美感（图2-30，彩图八）。

在产品设计中，如果在考虑形态组合的同时，再结合功能的因素，就形成了产品设计的一个重要方法：产品的模块化设计，这也是现代设计的一个重要思想和方法。

二、形态的契合

契合是一种特殊的形态组合方式，"契合"本身有"符合"、"匹配"的意思，形态的契合是指形态与形态之间相互紧密配合的一种关系，也就是将我们平面图形中的"共线共形"运用到了立体形态上，成了"共面共形"。这种方式是根据形态的基本功能要求，找出形态之间的相互对应关系，如上下对应、左右对应或正反对应等，使创造出来的形态互为补充，使各自独立的形态，通过形态契合设计，形成新的统一体，从而达到扩大形态的功能价值，合理地利用材料，节约空间，方便存储等目的。

同时，通过形态契合能巧妙地将构造的构

成形式与丰富多变的外观形态互为统一，相得益彰，使形态表现出感性与理性交融的美感，并从中领略设计创造的内涵。对形态契合的探讨与研究将有助于拓宽设计的视野，丰富对形态的想像力和创造力（图2-31，图2-32，彩图九）。

上＝图2-34 互相契合的容器设计
下＝图2-35 斯图加特艺术学院设计作品，形态的过渡

形态的契合与我们前面讲过的形态的"分割"与"重构"有很大的关系，这是形成形态契合的一个重要方法。因为形态"分割"与"重构"是针对一个整体而言的，将一个形体"一分为二"，也就意味着它们之间必然有"相邻"、"重合"的部分，也必然存在着契合关系。可以说，这是设计中的一种比较理想、特殊的情况。我们在设计的过程中，可以运用系统的思想，构想出一个"整体形态"，然后用"分割"与"重构"的思考方法进行，这样有利于契合形态的创造（图2-33，图2-34）。

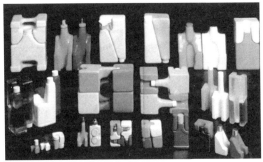

三、形态的过渡

前面我们讲过形态的组合，几个独立的形态要形成整体，就必然存在过渡问题。在形态的创造中，将两个或两个以上的形态，通过一定的处理手法，有机地联系在一起，成为一个整体，就是形态的过渡。对于一个简单的形态，比如一个蛋，它只有一个完整而单一的形态，没有过渡的问题，然而在大多数情况下，我们面对的形态是相对复杂的，它们可以被分解为一些基本的几何形态，包括立方体、球体、锥体等等，这些最基本的形态通过"重构"与"积聚"等方式组成一个整体，在这个整体中，任何基本形态都不是独立存在的，一个形态与另一个形态之间必然要建立联系

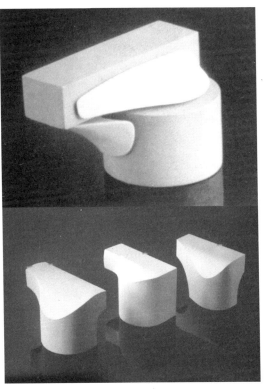

和过渡（图2-35）。

形态的过渡应体现出所用材料的属性与塑造的特点。同时，形态的组合与过渡涉及到形态之间的物理连接，关于这一点，我们会在后面的章节中讲到。在这里，我们只是单纯从形态的角度来考虑它们之间的过渡问题。

立体形态的过渡有两种形式：直接过渡与间接过渡。

形态间的直接过渡是指一个形态简单地加到另一个形态之上，两个形态之间没有第三个中间形态出现（图2-36）。这种直接过渡的特点是在形态相接触的过渡区域内，形体转换明确，关系清晰，形态简洁硬朗，但是在有些情况下，这种方式会显得生硬，不够自然。

形态的间接过渡是指两或多个形态在组合时，有一个形态作为过渡区域出现，将这几个形态统一成为一个有机的整体（图2-37）。形态的间接过渡强调形态之间组合后的整体美感，除了要考虑过渡区域形态上的创意，还要注意形态与形态组合的合理性，过渡要自然，同时不能喧宾夺主。

我们知道，立体形态之间的关系有分离、接触、相交三种，对于形态间接触和相交这两种情况，直接过渡和间接过渡都可以，而在分离这种情况下，则必定是需要中间联系的间接过渡。在产品设计实践中，形态的直接过渡与间接过渡也并不是绝对的，在直接过渡的情况下，两个形态间也必然有过渡性的区域存在，当这个过渡性的区域比较大时，也就转变成间接过渡了。

形态间的过渡是一个重要的细节处理，对于形态的塑造有着关键的作用，它往往关系到产品形态的成败，不仅反映出设计师对形态的把握能力，也反映出他对内部结构与外在形态的统一性的理解程度。彩图十是不同形态之间的过渡。

上＝图2-36 形态之间的直接过渡
下＝图2-37 形态之间的间接过渡

第四节 基础形态的演变

一、几何形态的演变

关于形态的演变,实际上我们在前面也已提到,立体形态的分割与重构、切割与积聚、组合与过渡等也是一种形态的演变方法,当时我们主要考虑形态的创造,而在这里,我们主要强调形态与形态之间的转化关系。

几何形态的演变包含几何形态之间的演变和向产品形态的演变两个方面,几何形态之间的演变主要是指不同的几何形体之间的一种转化。由于几何形体之间具有内在的联系,所以通过有规律的变形,可实现相互之间形态的演变。这种演变的目的也是为产品形态的创造做准备。我们可以用一个基本形态作为出发点,逐级变形,形成其他完全不同的形体,然后再通过一定的变形,回到原形 *(图2-38)*。

我们也可对同一个形体的不同部位进行变形,使其在形体的部分与部分之间出现形态的演变。具体可以通过对造型整体或局部施加力的作用,进行拉伸或膨胀,或运用形体大小、方向、位置的变化,来产生形态的变化,也可以通过对形体的线、面等作变形处理,来改变形态。彩图十一是形态由方到圆的不同变化形式。

运用基本的几何形体进行产品形态创造的造型方法,我们在前面的内容中已经提到,这是产品形态创造的主要方法。通过对基本几何体的塑造,可以创造出丰富的形态。我们所接触到的产品形态,很多都是从基本几何体演变而来的,如正六面体及其变形是最常用的形态,许多产品都是以它为基本形演变而来的。

具体地说,一般可细分为几何基本形造型、单体变形造型、组合造型等。基本形造型是运用球体、立方体、锥体等基本几何体,通过较少的变化、转换,直接发展成产品形态的造型方法 *(图2-39)*。单体变形造型是在基本几何体原形基础上,经过"切割与积聚"等手段获得新的形态的方法 *(图2-40)*。几何体组合造型则是将两个或两个以上的几何体,组合成有序的、互

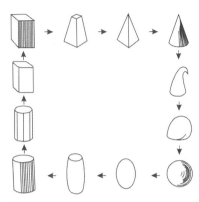

上 = 图2-38 几何形态之间的演变
中 = 图2-39 由方体稍加变化形成的产品
下 = 图2-40 由球体演变而成的产品

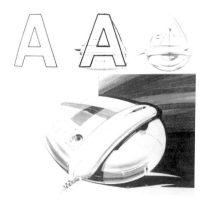

相关联的整体形态的方法,这个在讲形态的组合时已经举过例子了(图2-29)。文字等符号形态也有几何形态的一些特征,也可以进行产品化的演变(图2-41)。

在这里我们选择一个基本几何体作为原形,通过切割和积聚等方法,来进行"产品感"的创造,以培养几何形态向产品形态的演变能力。在这个训练中,针对一个给定的原形,可以创造出很多具有产品感的形态,这种形态并不要求是某种实际的产品,仅仅是具有"产品的感觉",也就是具有产品的一些特征。当然,产品是功能的载体,产品感本质上是一种"功能感",所以这种创造的形态往往会容易倾向于某一个产品原形(彩图十二~十四)。

上=图2-41 由文字向产品形态的演变
下=图2-42 由"蛋"形向产品形态的演变

二、自然形态的演变

德国设计大师科拉尼曾说:"设计的基础应来自诞生于大自然的生命所呈现的真理之中。"自古以来,自然界就是人类各种科学及技术发明的源泉。生物界有着种类繁多的动植物及其他物种,它们在漫长的进化过程中,为了求得生存与发展,逐渐具备了适应自然界变化的存在方式,成为一种合理甚至完美的形式。因而产品的形态除了可从抽象的几何形态演变而来之外,还可由现实的自然形态演变而成,这种演变方式形成了一种重要的设计方法——形态仿生设计(图2-42)。

模拟自然物的创造由来已久,但是仿生学作为一门独立的学科却是20世纪60年代后的事,它的创始人是美国空军宇航局的少校J.E.斯蒂尔。仿生并非完全的模仿自然,而是运用仿生学原理对自然界中的生物以及其他物质的形态进行分析、研究,借助对象形态的特征,启发构思、发挥想像力进行再创造的造型方法。1505年达·芬奇曾模仿蝙蝠的构造,构想绘制了飞行器的设计草图。科拉尼的交通工具、照相机等产品的设计,把仿生形态造型的创造提高到了新的境界,形

成了自己独特的造型风格（图2-43）。

仿生设计是对自然界（特别是生物界）的一种模仿形式，它包括形态仿生、功能仿生和结构仿生、色彩仿生等。形态仿生是研究生物体（包括动物、植物、微生物、人类）和自然界的其他物质存在的外部形态及其象征寓意，并通过相应的艺术处理手法将之应用于设计之中。功能仿生主要研究生物体和自然界物质存在的功能原理，并用这些原理去改进现有的或建造新的技术系统。结构仿生则主要研究生物体和自然界物质存在的内部结构原理在设计中的应用问题。

这里我们主要讨论形态仿生，也就是由自然形态向产品形态的演变，通过夸张、简化、变形和组合等手段，具体地说，首先根据所要设计的产品的特点和要求，从自然界中选取一个或一组对象，然后对该对象的外部形态进行分析，把握它的形态特点，然后去除无关因素，并加以简化，把具象形态转化为可以利用的形式，并考虑用具体的物质材料和工艺手段创造出适合所要设计的产品的形态。仿生形态设计所选取的自然物要求在功能和结构上跟所要设计的产品有一定的联系，这是很关键的一点，可以使得具象形态能够很自然地演变成产品形态，并能恰当地体现产品的寓意，否则就会显得牵强（图2-44）。

前面说过，形态有"形"和"神"两个方面，仿生形态设计主要是通过对自然之"形"的特征的运用最终达到形态的"神"似，应该说形似和神似两者中更强调后者，是一种抽象的模仿。如果我们只停留在"形"的层面，直接临摹生物的形态（也就是具象的模仿），而没有进行更多的演变，则会停留在卡通化形态设计的层面。

自然形态向产品形态的演变设计要求设计者必须具有扎实的生活基础，正确的认识事物、把握形态本质的能力，只有这样，才能从自然界的原生状况中寻找设计的灵感。仿生形态蕴含着生

上＝图2-43 科拉尼的机车设计
下＝图2-44 由打开的椰子形态发展而成的椅子

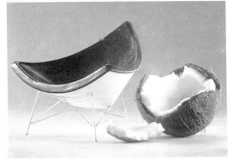

命的活力，丰富了造型设计的形式语言，是设计创新的源泉。仿生设计作为人类社会生产活动与自然界的契合点，使人与自然达到了高度的统一，正逐渐成为设计发展过程中新的亮点（*彩图十五*）。

三、形态的系列化演变

每个形态都有自己的表情特征，如果我们在这个形态的基础上，保留这种特征，然后进行形态的演变，就可以创造出一组系列化的形态。形态的系列性或成组性是指这些形态彼此具有相同或相似的形态特征，也就是形态具有统一性。

在形态系列化的演变中，把握形态的特征是最关键的，所有演变后的形态都不能脱离这个特征，否则就形不成同一系列，当然，这个特征也并不是一成不变的，而必须结合具体的形态作相应的变动，否则这种系列感就会显得单一和呆板。在进行形态的演变时，我们可以通过形的近似、形的重复、形的渐变、形的等差级数的组合等来进行形态的变化与统一，创造

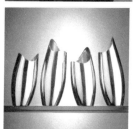

| 图2-45 系列化的形态

出既富于变化，又具有统一感的形态（*图2-45，彩图十六*）。

在产品设计中，通过这种形态统一性处理，可以使体量不同，功能各异的产品形成系列。产品的系列化是产品非常普遍的一种存在形式，一个特定的公司对于同一品牌的、同一种类的产品，往往以系列的形式推出。当然系列产品的类型很多，有成套系列、组合系列、家族系列、单元系列等，同时能够形成产品系列的方式有很多，除形态外，还包括材料、色彩、肌理、装饰等，在这里我们主要考虑形态因素。系列化产品具有加快开发、生产速度，降低生产成本，提高产品的市场竞争力等众多优势。其中产品形态的系列化对于强化产品的形象，扩大品牌的认知度等具有非常重要的作用。

第三章　　产品形态设计的基本要素

　　设计的最高原则是工业与艺术的完美结合。而这种结合又体现在三个方面：产品设计结构合理、材料运用严格准确、工作程序明确清楚。

　　　　　　　　——[比利时]　凡·德·费尔德

从构成走向产品设计
From Construction to Product Design

第一节　形态的目的——功能

图3-1　产品的形态受功能、材料、构造等多方面的影响

产品的形态创造与艺术形态的创造有很大的不同，设计师在创造产品形态的过程中，不仅要创造富于美感的形态，而且要处理好形态与功能、形态与材料、形态与结构和机构、形态与工艺、形态与技术的关系问题。我们说设计是带着镣铐跳舞，就是从这个意义上来讲的。

产品设计的核心问题是产品的形态设计。好的形态能够给人们带来美的享受，而审美需要是人的客观需要之一。在很多情况下，人们对产品形态的关注已经超过对功能的关注。作为一个产品，形态是功能的载体，而作为一个工业设计师，最主要的任务是完成产品的形态设计以及处理好形态与其他诸要素之间的关系。因而，形态设计在产品设计中有着举足轻重的作用。

在一个产品产生之初，产品的造型很大程度上是由技术决定的，而随着技术的进步，产品的发展，整个产品的结构变得紧凑而整全，功能也更加趋于完善。这个时候，产品的形态就越来越多地体现出它的文化与审美内涵，即产品必须能够给人以亲切感，能使人产生美的感受，同时人们能够从产品的形态中了解到产品的功能特性。在产品逐渐同质化时代，要在激烈的市场竞争中处于优势，必须考虑产品的形态语义与美感，增加产品的感性价值，这也是提高产品附加价值和市场竞争力的有效手段（图3-1）。

一、形态与功能

功能是产品存在的首要要素，如果一个产品不能实现其预定功能，就失去了其存在的价值；但在满足了功能需要之后，设计师必须着重考虑形态。形态与功能是一对相互联系的概念，形态具有功能的价值，同时功能丰富了形态的内涵。因此，形态和功能有紧密的联系，单纯强调功能或单纯强调形态都有失片面（图3-2~图3-4）。

随着社会的发展，科技的进步及物质的极大丰富，传统评价事物价值的标准得到了极大的延伸和发展（如产品功能不再仅仅是指产品的使用功能，它还包括了审美功能、文化功能等）。例如，我们在设计一把茶壶时，必须考虑茶壶的形态结构是否能满足储水和倒水的基本要求，在材料的使用上必须考虑其加工成型的可能性，同时也要考虑茶具材料对饮茶人的健康因素，茶具的形体尺度比例将直接影响到壶的容量及人的使用方式，因而也是设计时要考虑的重要因素。除此以外，在考虑上述要求的基础上，还必须研究其整个形态如何给人带来美感享受，这一点也是茶壶最终能否被人们乐意接受和使用的关键要素。因此，我们在进行某个产品设计时，必须要考虑其能否满足人们对产品的功能要求，即同时考虑使用功能、审美功能、文化功能等方面的要求。我们所设计的形态也应该是多种功能的载体。

综上所述，产品的形态创造与产品功能之间的内在关系是显而易见的，在设计中除了产品的功能以外，影响产品形态创造的因素很多，我们探讨形态与功能的关系，旨在满足一般功能的前提下，来研究和设计形态。

二、形态承载的三类功能

任何一个产品的形态，都同时是使用功能和审美功能的载体。当然，有一些形态的局部设计完全是出于装饰性的审美考虑，但由于产品设计是一个整体，这种装饰也会对产品的使用功能产生影响。因此，我们讨论一个产品形态的功能价值必须从实用功能和

上 = 图3-2 理发剪头部的"限位梳"用来控制头发修剪的长度
中 = 图3-3 拱形的砧板使盘子刚好放入
下 = 图3-4 橡皮的棱角用于擦拭细节

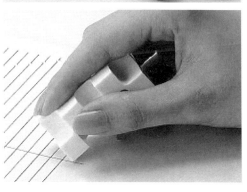

审美功能两个角度来进行，并且两者是紧密联系的。另外，产品的形态还具有传递信息的功能，即人们通过观察产品的形态，能从中获得关于产品属性、使用方式、功能特点等方面的语义和信息。

（一）形态的实用功能

实用功能包括形态的操作方式、形态所占空间、形态的重量、形态的储存和运输等方面的功能。很多形态的产生都是基于实用功能的考虑，或者是产品的制造工艺限制了产品的形态范围。例如产品设计中的组合形态，利用了组合排列的设计方式，其功能价值是显而易见的。在形态组合排列的要素设计中所强调的是要素的互换性、兼容性及相似性。通过利用形态组合排列的设计方式，其设计出来的产品也必然具有成本低，材料省，加工、储存、运输方便等优点。这也就是设计方法中的模块化设计，即通过设计具有通用接口的功能模块来达到快速生产，并提高产品的适应性与市场竞争力的设计方法。

在当今市场上流行的组合家具设计，就是在设计中利用单元的相似性、兼容性和互换性进行组合形态设计的一个典型例子。设计师只要设计出基本形态单元，通过不同的组合方式，就能变换出具有各种不同使用功能和不同形态的家具形式。由此可见，组合形态在实用功能方面具有很高的价值 *（图3-5）*。

左 = 图3-5 组合家具
右 = 图3-6 单元形态的组合，形成优美的造型

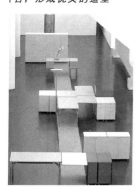

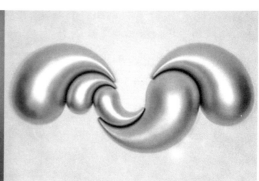

（二）形态的审美功能

形态在具有了实用功能的同时，也应该具有很高的审美功能。一个产品的审美价值主要是通过其外观给人的视觉感受来体现的。以契合的形态为例，通过契合的方式产生的形态，往往具有很好的整体感和紧凑感，能产生流畅的曲线，同时给人机智巧妙的趣味性感受，因而具有很高的审美价值。而前面提到过的组合形态也具有其独特的审美价值，相同的单元通过有规律的排列和组合，能形成稳定、有秩序而简洁的外观形态。还可以形成对称平衡的格局，能产生现代且富有效率的理性美。由于很多排列组合形成的产品形态都具有内在的数理逻辑，因此具有明显的现代特征，使用户对产品产生诚实可信的心理感受（*图3-6*）。

上＝图3-7 剪刀手柄形态暗示了操作方式
下＝图3-8 外形轮廓提示了其功能

（三）形态的语义功能

形态的语义功能是指人们通过观察产品形态，就能够获得产品的功能用途、操作方式和程序等信息。形态作为一种符号，其本身就是信息的载体。它通过对人的视觉、触觉、味觉、听觉的刺激，来传递信息或帮助人对以往经验进行联想和回忆。通过对各种视觉符号进行编码，综合造型、色彩、肌理等视觉要素，使产品形态能够被人理解，从而引导人们的正确而又快捷的使用。因此，设计师在产品设计中，就需要深入考虑人们的共有的经验和视觉心理，通过形态来准确传达产品的语义信息，同时要注意形态理解的多义性，避免造成错误的语义理解。

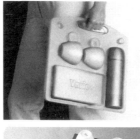

形态的语义功能体现在以下几个方面：

1. 通过形态来提示产品的使用方式。其手段主要有通过形状的形似性暗示使用方式；*图3-7*中的剪刀手柄的设计，通过形态暗示了手指插入的方式。通过造型的因果关系暗示使用方式；通过形态的表面肌理和色彩来暗示使用方式以及提醒注意。

2. 通过形态提示产品的功能和特点。任何一款产品，都能给人以一定的视觉感受，产品的形态应该体现产品所具有的最主要功能和特点，使用户能够最快、最省力地了解产品是用来做什么的以及产品的主要特性（*图3-8*）。另外，通过形态，产品应该体现出与其他同类产品的相异之处。

3. 形态的象征意义。形态还能传递象征性的语义信息。比如技术的先进、档次的高低、产品的文化内涵等（*图3-9*）。

通过对产品形态进行实用功能和审美功能以及语义功能的分析，我们可以得出这样的结论，即优秀的形态设计应该是良好的实用功能和丰富的审美功能的双重载体，同时形态中也要包含丰富的实用信息。

图3-9 汽车的外形不仅体现出速度感，而且充满了高科技的感觉

第二节 形态的载体——材料

一、材料与形态

任何一项设计作品，都是由一定数量和种类的材料构成的。可以说，材料是设计创意表现的载体之一。在设计过程中，选用恰当的材料也成为设计成败的重要因素。不同的材料，有不同的视觉特征，不同的加工方式，不同的物理和化学性质，不同的适用领域，不同的价格成本等。因此，在设计中选择使用何种材料时，必须对各种相关因素进行综合考虑。

材料同设计形态的产生有着密不可分的关系。讨论材料对形态的影响，我们可以从以下四个方面进行分析：

（一）材料的视觉特征与形态的关系

世界上材料的种类极其丰富，新材料不断出现，一些旧的材料也具有了新的用途。可以选用作为设计载体的材料也不断增加，这么多种类的材料，由于物理与化学性质不同，表面质感、色彩、形态不同，也形成了不同的视觉特征（*图3-10*）。人们在看到了某一设计形态后，往往会形成一个整体的视觉印象或者心理感受。这种感受或者是正面的、良好的，也可能是负面的、令人厌恶的。不同的形态构成要素对形成整体视觉印象有不同的影响。造型的几何特征，色彩以及色彩搭配，材料质感与搭配方式三个方面共同作用，从而形成一个设计形态的视觉印象。

这里我们重点探讨材料的视觉特征是如何影响形态的整体视觉印象的。例如，用块状材料来表现形态，具有厚重感和分量感；用面材表现的形态，具有轻巧飘逸的单纯效果；用曲线表现的形态，具有流物的空间运动感觉。用直线表现的形态，除了具有通透的空间感外，还具有坚挺的力度感。另外，材料的自身肌理也是形成形态视觉印象的重要元素。粗糙的肌理给人以厚重、苍劲的感觉，而光滑细腻的肌理则给人以雅致、含蓄的感觉。木纹理给人温暖的感觉，不锈钢则体现现代和理性。因此，我们在具体

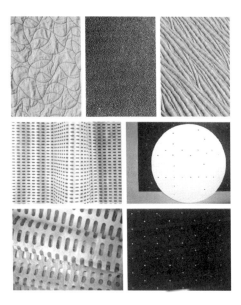

图3-10 不同视觉特征的材料

感受某一材料的视觉特征时，主要是受这些材料的物理特征及材料加工后所构成的物体形态因素的影响。在设计创作以及实务中，形态的形成往往不只是一种造型特征，而是几种造型的互相搭配和对比。因此，一个形态设计的成功，就需要综合考虑材料的各种视觉特征*（彩图十七）*。

（二）材料的加工工艺对形态的影响

在选用适合于我们设计的材料时，首先要考虑的问题就是所选材料是否能和是否方便被加工成我们所期望的形态。比如是否能表现几何硬边的造型，是否能加工成柔和的有机面造型等。这就需要我们对不同材料在造型时的加工工艺有比较深入的理解和认识。以避免我们在进行创意构思时，出现所选材料不能或很难加工成我们所期望的形态的情况。在后面我们会列举一些常用材料的加工工艺。

上＝*图3-11　利用高强度材料设计、制造的自行车*
下＝*图3-12　利用塑料的韧性和弹性制成的光盘盒*

（三）材料的自然属性对形态的影响

我们设计中所使用的任何一种材料，都有其固有的自然属性，不管这一材料是天然形成的还是人工合成的。自然属性可以分为物理属性和化学属性。材料的自然属性限制了其所能形成的形态，当然，随着加工技术的不断进步和新的加工方法的产生，这种限制会越来越少。例如，自行车的形态由于受钢管的弯曲和焊接的限制，车架基本上呈三角形，随着碳纤维加强玻璃钢等高强度材料的出现，由于其具有重量轻、强度高、整体成型的特点，因而被用作自行车的车架材料，彻底改变了传统的三角形框架，使自行车的形态发生了巨大变化*（图3-11）*。这是典型的利用材料的属性而改变产品形态的例子。

对于某一形态而言，往往有一些材料能很恰当到位地表现它的造型特点和风格，而如果选择了其他的材料，则可能相反，对其形态特点可能有弱化和分散作用。即一种材料的自然属性应该是同该材料形成的形态相匹配的。同一造型，选用不同的材料，给人的心理感受会有很大差别。比如同样一个汽车手动档手柄，当选用金属材料时候，给人的感受就是冷峻而现代，而如果选用木材，则会形成轻松温暖的感受。同时，材料的自然属性也影响了材料的应用领域，例如有的材料强度不高，就不能用作产品的外壳部分；有的材料比较脆，就不能用在同环境接触较多的部分；易于传热的材料不适于做锅或水壶的手柄等。

（四）新材料或材料的新用途与形态设计的关系

随着现代科技的发展，材料领域的科学家们不断发现和创造出新的材料，每年都有很多新材料投入生产中，这些新的材料对于产品设计师而言，无疑提供了更加丰富的想像空间，以前很多不能或很难实现的优美造型，在使用了新材料后都能方便地实现。这些新材料，性能各异，加工方式也各有特点，从而大大扩展了形态设计的可能性。

新材料的不断出现，必然会使一些旧的材料不断消亡，这也是材料领域的新陈代谢。一些新材料由于具有了旧材料无法比拟的优秀特点，比如性能方面有很大提升，而同时成本下降，就会很快代替旧的材料。对于某一形态而言，使用了新材料后很可能使这一形态更加易于加工和形成，从而提高了形态设计和生产的效率。另外，对于很多产品的形态，在应用了新材料后往往发生一定变化，有些甚至是发生根本性的变化，其原因就是新材料的属性解放了原有材料在造型方面的限制（图3-13）。

图3-13 新的材料给形态设计提供了新的可能

二、典型材料的基本特性

在我们做设计以前，必须对各种材料的性能了然于胸，这样才能为某一具体形态选择合适的材料，并能灵活地运用材料的各种特性，从而能最大限度的发挥材料的性能，设计出更加完美的形态。下面列举了一些常见材料的基本特性。

（一）塑料

塑料是一种高分子材料，具有很好的可塑性，原料广泛，性能优良，加工成型方便，并且塑料的品种繁多，可满足各种需求（图3-14）。其特性包括：1.多数塑料制品有一定的透明性，并富有光泽。并可以任意着色，而且着色牢固，不易变色。2.塑料质轻，耐震动，耐冲击。3.塑料的电绝缘性、热物理性能好，热导率很小，只有金属的1/600～1/200。泡沫塑料的热导率与静态空气相当，因此被广泛用作绝热、保温、节能、冷藏等材料。4.塑料有耐化学药品性。多数

图3-14 由透明塑料制成的苹果电脑给人以全新的视觉感受

常见塑料的性能和用途

名 称	性 能	用 途
聚乙烯	性软、可吹塑成型，呈透明、半透明或不透明表面质感似蜡	油桶、水壶、玩具、包装等
聚丙烯	表面强度好，可塑性好	容器、盖、盒、安全帽等
聚氯乙烯（pvc）	呈透明、半透明或不透明，质轻，牢固，可制成软硬程度不同的制品，可塑性好	各种容器、管道、雨衣等
聚苯乙烯（ps）	透明性好，色泽鲜艳，但易脆裂	各种器皿、冰箱部件、保温泡沫塑料
ABS	有较高的强度、刚性和化学稳定性，能电镀和喷涂	家用电器外壳、工具箱、旅行包等
聚甲基丙烯酸甲酯（PMMA）（有机玻璃）	耐高温，强度好，摩擦因数小	工程部件、厨房、卫生洁具等

塑料对一般浓度下的酸、碱、盐等化学药品具有良好的耐腐蚀性。5．塑料成型加工方便，可大批量生产。塑料容易进行切削、焊接、表面处理等二次加工，且加工成本低。

同时，与其他工业材料相比，塑料有如下缺点：高温下容易产生变形，多数塑料在300℃以上就发生变形，燃烧时会放出有毒气体；在低温下容易发脆。另外，塑料容易老化。

图3-15　由金属制成的果盘，形态简洁硬朗

（二）金属

设计师只有对金属材料充分了解，才能在设计中灵活地运用和体现金属的特点，设计的产品在生产工艺上也更易于实现。

常见金属的性能和用途

名称	性能	用途
低碳钢	黑色金属，含碳量低，性质较软，不能淬火硬化，容易焊接和加工成型	用于各种铆钉、链条、机器部件等
熟铁	黑色金属，含碳量极少，容易加工锻造	用于一些装饰件
铝合金	通过与其他金属（铜、锌等）结合成合金，既保留了铝质轻、耐腐蚀的特性同时还具有很好的强度与硬度	各种容器，装饰标牌，门窗及柜的框架，电器外壳，机制造等领域
铝	银白色，质地轻软，易于加工变形抗腐蚀性能好	各种器皿和电器工业
中碳钢	黑色金属，强度比低碳钢高，那果农淬火硬化	用于加工各种机器部件、金工工具
高碳钢	黑色金属，容易淬火硬化、热处理等，性质坚硬，难切割与弯曲	各种机床上的切削工具、金工工具
铜	有色金属，有很好的导热和导电性能，易加工成型但容易生锈	装饰件，器皿以及电器工业

而且最好能够在产品正式投入生产之前,通过手工来制作样品或模型,从而更直观地把握产品的形态特点(图3-15)。金属材料的性能特征主要包括:

1. 弹性 指金属受外力作用而发生变形,当外力消失后又可以恢复原有形状的性质。金属抵抗或阻止弹性变形的能力又称刚度,刚度越高,金属越不易产生弹性变形。

2. 可塑性 金属在外力作用下能产生永久变形,在外力消失后保留下来的永久变形即为塑性变形。金属材料的塑性与温度有关,通常温度越高,其塑性就越好。

3. 强度 指金属在外力作用下抵抗塑性变形和断裂的一种性能,即金属的结实程度。根据所受外力不同,金属可分为抗拉强度、抗压强度、抗弯强度、抗剪强度。

4. 导电性和导热性 金属通常都具有良好的导电性和导热性。并且金属在一定温度下会变形甚至熔化。

金属还具有各自的化学性能,比如耐腐蚀性、化学稳定性等。

(三)木材

木材也是设计中常用的一种材料,尤其在家具和环境设计领域(图3-16)。

木材的物理性质主要包括木材的含水率、干缩湿胀以及容积重等。含水率是指木材中水分的重量与全干状态下重量的比值。通常北方为12%,南方为18%。干缩湿胀是指木材中的水分在空气中蒸发,导致木材体积缩小;而如果木材吸收了大量水分,体积膨胀增大。这种属性使木材容易发生翘曲和开裂。容积重是指天然木材单位体积的重量。通常标准容积重为含水率15%时的容积重。一般容积重较大的木材,组织致密,强度也较大。

材料的强度是一个很重要的内容。

图3-16 利用木材所做的箱子设计

常见木材的性能和用途

名　称	性　　能	用　途
杉木	易干燥、易加工、耐腐性好、胶粘性好、木纹直	家具、门窗、屋架、地板等
马尾松	淡黄褐色、有松香味，纹理直、耐火性差、较难切削，不易上油漆与胶黏、干燥时易翘	胶合板、家具
水曲柳	淡黄色，材质光滑，纹理直，易加工，耐火，不易干燥	家具、胶合板、地板、把柄、运动器材
红松	边缘呈黄白色、心材淡红色，材质轻，纹理直，易干燥，油漆性与胶黏性均良好	家具、建筑、乐器等
红楠	呈灰褐色，有光泽，略带醇气，纹理直或斜，质地细，耐腐性强，易加工，切面光滑，油漆性与胶黏性均良好	家具、胶合板表面

木材的强度通常以木材在外力作用下，将要被破坏前的一瞬间的强度值来表示。各种木材的强度有很大差别，随木种、木纹方向以及含水率的不同而异。主要包括抗压强度、抗拉强度、抗剪强度、静力抗变强度。

三、材料的基本连接方法

我们所设计的各种形态，大多数都要通过相同或不同材料之间的连接来形成，材料的连接方式对于产生什么样的形态有很大影响。由于材料特性的不同，连接方式也多种多样。大致

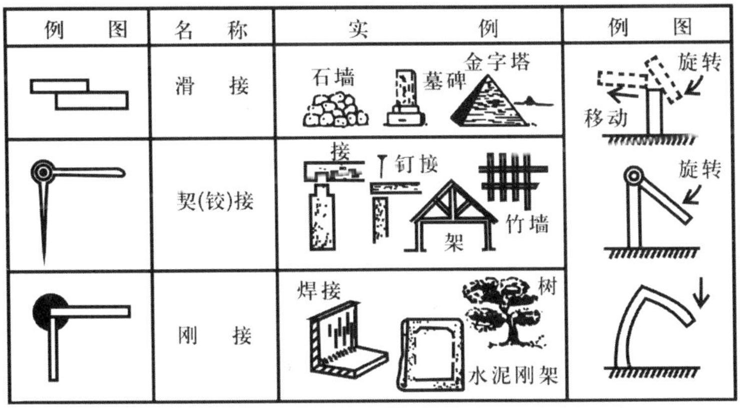

图3-17 材料连接的三种方式

例　图	名　称	实　　例	例　图
	滑接	石墙　墓碑　金字塔	旋转　移动
	契(铰)接	接　钉接　架　竹墙	旋转
	刚接	焊接　树　水泥刚架	

图3-18，图3-19 "多面体的制作"：材料连接方式的训练

可分为滑接、契接（铰接）和刚接*（图3-17）*。

滑接主要是通过物体自重和加强物体表面的摩擦而达到物体之间的相互连接。例如，砖石的堆砌。这种构造对于来自垂直方向的压力承受力比较强，但当受水平方向或回转方向的力作用时，容易产生滑动，抵抗力较差。但滑接方式是对材料损伤最小的连接方式。

契接是建筑、家具中常用的一种材料连接方式。如传统的桌椅、门窗结构等。其连接主要靠材料的特殊结构，使其形成形体之间的相互契合，构成牢固的连接。契接的一种特殊形式叫铰接，是通过连接件把材料连接起来，如家具中常用的铰链连接。

刚接主要是对材料的连接部位采用化学或物理的加工方法使其连接。这种连接方式非常牢固，对于上下、左右或回转的外力，都具有较好的抵抗能力。如金属、塑料等材料的焊接、粘结等。尽管刚接的整体不容易受外力破坏，但如果产生破坏后，材料的破坏是整体性的。材料很难再次利用。用刚接方式形成的形态，最大优点就是能很好的表现形态的特征。而缺点是当刚接构造的一个部分受到压力时，会连带性地影响到其他部分。

以上是材料的三种基本连接方式，材料种类成千上万，每种材料都有其适合的连接方式，每种形态也都对连接方式有所要求或限制。这要求我们在选用材料时，必须考虑所选材料能否通过合适的连接来实现我们所要的形态。在做材料结构练习时，要不断地试验各种材料的不同连接方式，以建立其对材料特性的直观经验，理解材料特性与构造方式之间的互动关系*（图3-18，图3-19）*。

四、常用材料的加工工艺
(一) 金属材料的加工工艺

金属材料的性能可分为两种：一是在使用过程中表现出来的性能，包括机械、物理和化学性能；二是加工制造过程中表现出来的性能，称为工艺性能。金属的机械性能是指在外力作用下表现出来的变形和抗变形特性，是材料抵抗外力的能力；金属的物理性能是指材料对各种物理现象所引起的反应，包括密度、导热性、热膨胀性和磁性等；金属的化学性能是指材料在常温或高温时，抵抗各种介质的化学或电化学侵蚀的能力；金属的工艺性能是指材料适应各种加工和工艺处理的能力，包括铸造性能、锻造性能、焊接性能、切削加工性能和热处理性能等。

图3-20　金属的加工工艺影响金属制品的形态

机加工是人们最为熟悉并且使用最普遍的一种金属材料成型方法，是指使用车、铣、刨、磨、钻、镗等手段，对金属材料进行加工处理，以使制件的外形尺寸以及表面效果达到技术要求的方法。

金属的机加工广泛使用于模具制造、产品试制、金属制件的二次加工等方面。此外还有几种典型的金属材料成型工艺：

1. 铸造

铸造是把熔化的金属溶液浇到与零件形状相应的铸型空腔中，待溶液冷却凝固后获得毛坯或零件的工艺过程。

常用的铸造金属有铸铁、铸钢、铸铝、铸铜四种。在工业生产中，使用较多的工艺为熔模铸造和压力铸造。

熔模铸造又称精密铸造或蜡模铸造。具体工艺是用易熔材料制成模型，在模型表面涂抹耐火材料后硬化，反复多次，再将模型熔化、排出，最后焙烧硬壳，即可得到无分型面的铸型。用该种铸型浇注后即可获得尺寸准确、表面光洁的铸件。

压力铸造简称压铸，是在高压作用下，将液态合金高速压入高精密的型腔内，并使之在压力下迅速凝固而获得铸件的方法。此外，还有砂型铸造、离心铸造及陶瓷型铸造等方法。

2．冲压

冷冲压工艺是指在常温下对金属板材施加外力，使其产生塑性变形或分离，从而获得一定尺寸、形状和一定强度的零件加工方法。冷冲压加工可以达到较高的精度，并能冲制出结构和形状较为复杂的零件。

冲压技术以其生产效率高、产品质量好、重量轻及成本低的特点，在工业生产部门中占有及其重要的地位。一般工业品的生产，就零件成型方式而言，冲压件数量约占30％以上，至于较复杂的产品，如汽车和飞机等，要占到65％以上。

影响冲压件质量的因素很多，其中冲压材料、冲压模具及冲压设备是最为主要的三个因素。

图3-21 利用塑料可设计、制造出多种多样的形态

金属材料的特性决定了其加工工艺，在这样的加工工艺条件下，使得利用金属材料所形成的产品形态具有了显著的、不同于其他材料的特点。例如，利用冲压技术形成的金属制品形态，往往轮廓分明，面相对较少，细节不多，视觉感受是简洁大方（图3-20）。但有时也会失之单调。

（二）塑料的加工工艺

塑料是指具有可塑性的高分子材料，是具有多种特性的实用材料。塑料可分为热塑性塑料和热固性塑料。热塑性塑料受热时软化，可以加工成一定的形状，能多次重复加热塑制，其性能不发生显著变化。热固性塑料在加工成型后，加热不会软化，在溶剂中也不易溶解。

塑料的成型加工方法大体上有3种：

1.处于固态时，可以用车、铣、钻、刨等机加工手段和电镀、喷涂等表面处理方法；2.处于高弹态时，可以采用热冲压、弯曲、真空成型等加工方法。3.处于黏流态时，可以用注射成型、挤出成型、吹塑成型等加工方法进行加工。塑料在加工成型过程中有明显的热胀冷缩特性。

塑料的物理和化学特性决定了塑料具有多种多样的加工工艺，丰富的加工成型手段决定了塑料制品的形态多样性。利用塑料制成的形态，可以是具有现代风格的硬边造型，也可以形成曲线流畅的、具有生命特点的有机形；可以是由多个塑料组件组合而成的造型，也可以是一次成型的形态；可以是体量感和重量感很强的丰满形态，也可以是轻灵飘逸的疏朗形态（图3-21）。利用塑料的表面处理技术，还可以模拟出金属、木材或其他自然材料的质感。

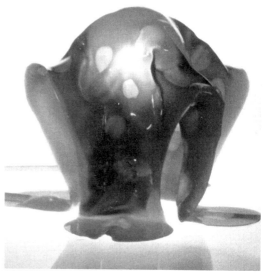

（三）玻璃的加工工艺

玻璃是指熔融物冷却凝固所得的非晶态无机材料。工业上大量生产的普通玻璃是以石英为主要成分的硅酸盐玻璃。除此之外，若在生产中加入适量的硼、铝、铜等金属氧化物，可制成各种性质不同的高级特种玻璃。由于玻璃具有一系列优良特性，如坚硬、透明、气密性、耐热性以及电学和光学特性等，而且能用吹、拉、压、铸、槽沉等多种加工方法成型，因此玻璃与人们生活密切相关。

图3-22，图3-23 利用不同的工艺所制成的不同形态的玻璃产品

玻璃的成型工艺视制品的种类而异，但其过程基本可以分为配料、熔化和成型三个阶段。成型后的玻璃制品，大多需要进一步加工，以得到符合要求的成品。这包括玻璃制品的冷加

工、热加工和表面处理。玻璃在不同的加工工艺下，形成的形态特点也有很大不同。例如吹制的玻璃形态多具有圆滑流畅的表面轮廓，而通过铸或压的方式则更易形成直角和硬边形态*(图3-22，图3-23)*。

（四）木材的加工工艺

木材是一种具有很长使用历史的造型材料。木材具有质轻、色泽悦目、纹理美妙等特点。其表面易于加工涂饰、对空气中的水分有吸收和放出的调节功能、热和电的传导率低、色泽花纹美丽、可塑性强等优点。同时它又具有易变形、易燃烧、易受虫蛀等缺陷。

将木材通过手工或机械设备加工成零件，并将其组装成制品，再经过表面处理，涂饰，最后形成一件完整的木制品的过程称为木材的成型工艺，其加工方法有锯、刨、凿、砍、钻等*(图3-24，图3-25)*。

图3-24，图3-25 利用不同的工艺所制成的不同形态的木质产品

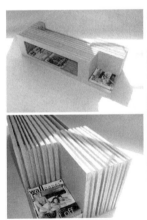

第三章 产品形态设计的基本要素

第三节 形态的骨骼——结构与机构

一、形态与结构

所谓结构是用来支撑物体和承受物体重量的一种构成形式（图3-26，图3-27）。结构是构成产品形态的一个重要要素，即使是最简单的产品，也有一定的结构形式。一个供工作或学习用的台灯，就包含了很复杂的构造内容。如台灯如何平稳地放在桌上，灯座与灯架如何进行连接，灯罩怎样固定，如何更换灯泡，如何连接电源、开关等等。人们对于这些灯的部件进行的连接、组合，就构成了一个产品最基本的结构形式。从中我们也可以领略到产品功能必定要借助于某种结构形式才能得到实现，因此也可以这么说，不同的产品功能或产品功能的延伸必然导致不同结构形式的产生（图3-28）。而结构的变化，也会对形态产生影响。形态设计中的材料要素，同结构紧密相连，不同的材料特性，使人们在长期的社会实践中学会了用不同的方法去加工、连接和组合材料。因此，不少新的结构是在人们对材料特性逐步认识和不断加以应用的基础上发展起来的。

在工业设计中，产品的形态与结构是紧密相关的。很多产品通过复杂的内部结构来构筑形态，从而实现其功能目标。同时各种结构也担负着不同的功能，通过不同功能的配合，形成完整的功能链，即我们产品所实现的最终功能。因此，作为通向工业设计的基础设计训练，研究形态、结构与功能之间的相互关系是十分重要的，并要通过认真深入的观察自然，分析和研究普遍存在于自然界中的优秀结构，努力探索设计中新的结构形式的可能性（彩图十八）。

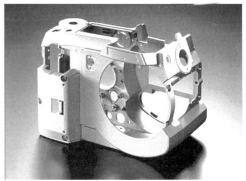

上＝图3-26 建筑的结构
中＝图3-27 相机的外壳结构具有保护和支撑的作用
下＝图3-28 汽车内部的复杂结构

075

二、结构的强度

任何一个形态或产品的设计,都要求其结构具有一定的强度。只有具有一定的强度,才能承受形态本身或外力的重量,使其具有很好的稳定性。结构的强度受很多因素影响。

结构所用材料对强度的影响。在上一章,我们曾考察了各类材料的特性,对于不同的材料,其所能承受外力的能力即强度是差别很大的。对于同样的结构,由于选用不同强度材料,导致其结构强度也发生变化。

几何造型对结构强度的影响,不同的几何造型其所产生的结构强度有很大不同 *(图3-29)*。例如,用木条做成一个四方的木框,这样的几何形稳定性较差,受到外力压迫时很容易发生变形。而如果在木框的对角线上再安装两条木条,即形成两个三角形,木框的强度会得到明显加强。可见,其他条件相同的情况下,三角形的几何形状比方形具有更好的结构强度。

结构的受力情况以及外界的环境因素对强度的影响。结构强度与受力方向有很大关系。同样的结构会由于受力方向不同,而表现出不同的强度以及稳定性。生活中我们有这样的体会,如果垂直方向坐在椅子中心位置,椅子受力是

左 = 图3-29 结构的几何造型对结构强度的影响
右 = 图3-30 自行车车轮设计,巧妙的辐条结构,大大增强了轮毂的强度,减少了材料的用量

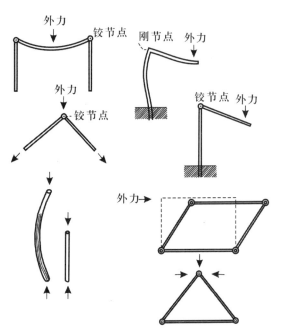

垂直向下的，具有很好的稳定性。而如果坐的位置在边缘，使力的方向倾斜，那么椅子就很可能会滑动，而失去其稳定性。由此可见，压力的方向可以增强或减弱结构的强度和稳定性。很多产品的设计，就是利用了这一原理来设计其结构，获得良好的结构强度 *(图3-30)*。

图中是有关结构与强度关系的几个训练。*图3-31* 是利用KT板材料来进行"桥梁"的设计制作，要求跨度大、材料省、承重好，同时兼顾美观；*图3-32* 是"纸包蛋"的训练，用卡纸（允许少量使用双面胶）将鸡蛋包起来，然后从高处扔下，力求蛋不碎，要求尽量高（至少四楼）并且用纸少 *(彩图十九)*；*图3-33* 是利用瓦楞纸来制作"纸鞋"，要求能承受自身的重量，同时离地高，用纸少。这些训练可以增加对材料、结构强度、功能等关系的理解。

上左 = ■*图3-31* "桥梁"的练习作品
上右 = ■*图3-32* "纸包蛋"的练习作品
下 = *图3-33* "纸鞋"作品

三、常用机构

机构是用运动副（使两构件直接接触并能产生一运动的联接，称为运动副）连接起来的构件系统，其中有一个构件为机架，是用来传递运动和力的。机构还可以用来改变运动形式。机构各构件之间必须有确定的相对运动。然而，构件任意拼凑起

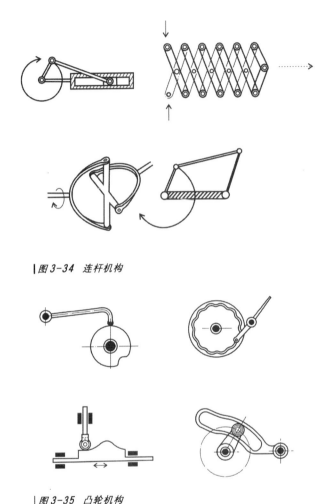

图3-34 连杆机构

图3-35 凸轮机构

来是不一定具有确定运动的。如果各构件之间无相对运动，它就不是机构。同时，当只给定某一构件运动规律时，其余构件的运动并不确定，那么，也不能称之为机构。若组成机构的所有构件都在同一平面或相互平行的平面内运动，则称该机构为平面机构。否则称为空间机构。实际机构一般由外形和结构都较复杂的构件组成。为了便于分析和研究机构，常用机构运动简图来表示。机构对产品的功能实现、外观形态、能源消耗、经济成本等方面都有很大影响。良好的机构能节约很多内部空间，使产品的外观形态设计更加自由。同时，还能很好地发挥产品性能，使产品更加易于操作，提高产品的使用寿命。下面介绍三种常见的机构类型：

（一）平面连杆机构

这是由一些刚性构件以相对运动连接而成的机构，由于机构中的构件多呈杆状，因此常称这种机构为连杆机构。平面连杆机构中最为常用的是由4根杆组成的平面四杆机构，这也是最基本的平面连杆机构（图3-34）。

平面连杆机构的主要优点有：由于组成运动副的两构件之间为面接触，因而承受的压强小、便于润滑、磨损较轻，可以承受较大的载荷；构件形状简单，加工方便，工作可靠；在主动件等速连续运动的条件下，当各构件的相对长度不同时，从动件实现多种形式的运动，满足多种运动规律的要求。

主要缺点有：低副中存在间隙会引起运动误差，设计计算比较复杂，不易实现精确的复杂运动规律；连杆机构运动时产生的惯性力也不适用于高速的场合。

（二）凸轮机构

凸轮机构的作用是将凸轮的转动变为从动杆的位置移动或摆动，凸轮机构一般由凸轮、从动杆和机架三部分组成。常用凸轮作匀速转动，从动杆则作移动或摆动，这种机构的特点是：只要凸轮具有适当的轮廓曲线，就可使从动杆实现复杂的运动规律（图3-35）。

凸轮机构种类繁多，按凸轮的形状可分为盘形凸轮、圆形凸轮、移动凸轮；按从动杆运动方式可分为移动从动杆、摆动从动杆；按从动杆端部结构可分为尖顶从动杆、滚子从动杆和平底从动杆。

（三）间歇机构

在机构的工作中，有许多机构需要某些机构在主动件连续运动时，从动件产生周期性的时动时停的间歇运动，实现这种间歇运动的机构称为间歇运动机构，应用最广的有两种，即棘轮机构和槽轮机构（图3-36，图3-37）。

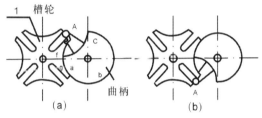

图3-36 棘轮机构

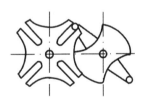

单圆销外啮合槽轮机构
(a) 圆销进入径向槽 (b) 圆销脱出径向槽

双圆销外啮合槽轮机构

图3-37 槽轮机构

四、机构的传动方式

产品或机械内部构件间的相对运动，是依靠各种传动机构实现的。常见的传动方式有以下三种：螺旋传动、齿轮传动、带或链传动。

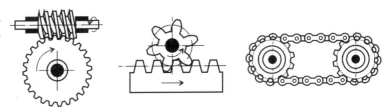

左 = 图3-38 螺旋传动
中 = 图3-39 齿轮传动
右 = 图3-40 链传动
下 = 图3-41 带传动

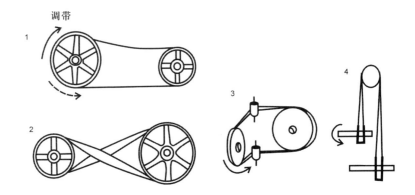

1 直线调带；2 交叉调带；3、4 使用辅轮的调带

（一）螺旋传动

螺旋传动主要用来把回转运动变为直线运动 *(图3-38)*，根据使用要求不同，这种传动方式可分为三类：

A.传力螺旋 以传递动力为主，要求用较小的力矩转动螺杆或螺母，而螺母或螺杆产生轴向运动和较大的轴向力，以便承担起重或加压的工作。如千斤顶和压力机。

B.传导螺旋 传导螺旋以传导运动为主，并要求有较高的运动精度，如车床和铣床的长丝杠，中、小拖板丝杠等。

C.调整螺旋 调整螺旋用来调整零件或部件之间的相对位置，如插齿机中的丝杠。螺旋传动的特点：具有传动平稳、增力显著、容易自锁、结构紧凑、噪声低等特点，也存在效率较低，螺纹牙间摩擦、磨损较大等缺点。

（二）齿轮传动

齿轮传动是将一根轴的旋转运动传递到与它相近的另一根轴上去，并得到正确的传动比（图3-39）。这种方式具有以下特点：能保证恒定的瞬时传动比，工作平稳性好；传动比范围大，适于增速或减速运动；圆周速度及功率的调节范围较大，结构紧凑，传动效果好，寿命长。但要求精度较高，因此成本也较高。

齿轮传动的主要缺点是要求较高的制造和安装精度，成本较高，不适宜于远距离两轴之间的传动，低精度齿轮在传动时会产生噪声和振动等。

（三）带和链传动

带传动由主动轮、从动轮和紧套在带轮上的传动带组成，在传动带和带轮的接触面有正压力存在；主动轮旋转时，就会在这个接触面上产生摩擦力，使传动带运动（图3-41）。带传动一般有以下特点：

（1）带有良好的挠性，能吸收震动，缓和冲击，传动平稳噪音小。

（2）当带传动过载时，带在带轮上打滑，防止其他机件损坏，起到过载保护作用。

（3）结构简单，制造、安装和维护方便。

（4）带与带轮之间存在一定的弹性滑动，故不能保证恒定的传动比，传动精度和传动效率较低。

（5）由于带工作时需要张紧，带对带轮轴有很大的压轴力。

（6）带传动装置外廓尺寸大，结构不够紧凑。

（7）带的寿命较短，需经常更换。

由于带传动存在上述特点，故通常用于中心距较大的两轴之间的传动，传递功率一般不超过50kW。

链传动主要由主动链轮、从动链轮和链条组成（图3-40）。工作时靠链轮轮齿与链条的咬合而传递动力。它适用于两轴平行的传动。链传动可在多油、高温等环境下工作，但是链传动工作时噪声大，过载时无保护作用，安装精确度要求高。

主要优点：与摩擦型带传动相比，链传动无弹性滑动和打滑现象，因而能保持准确的传动比（平均传动比），传动效率较高；又因链条不需要像带那样张得很紧，所以作用在轴上的压轴力较小；在同样条件下，链传动的结构较紧凑；同时链传动能在温度较高、有水或油等恶劣环境下工作。与齿轮传动相比，链传动易于安装，成本低廉；在远距离传动时，结构更显轻便。
主要缺点：运转时不能保持恒定传动比，传动的平稳性差；工作时冲击和噪音较大；磨损后易发生跳齿；只能用于平行轴间的传动。

五、结构与机构的关系

结构是支撑形态和承受形态重量的构成形式。任何一个立体形态都具有一定的结构。而结构中传递运动和转变运动的部分就是机构，并不是每个产品都需要有传动机构。从这个意义上说，机构是结构的一个组成部分。同时，结构也能影响机构，因为要保证机构的良好运作，往往需要设计出良好的结构来为机构提供足够的空间和恰当的位置。另外，机构的正常运行也需要稳定的结构提供保护和支撑。良好的机构也能使结构的其他组成部分和谐运作，从而形成一个结构合理，性能优良的产品。

产品的内部往往非常复杂，要实现结构和机构的良好配合，就需要对各个部分进行系统研究与设计，只有内部搭配合理，产品的形态设计才能有更加广阔和自由的想像空间（图3-42）。

图3-42 结构与机构共同发挥作用，保证产品的良好运转

第四章 综合性产品化形态设计

在这里学生继续探索抽象形体,但是也开始在他们的作品中应用一些实际标准。它们并不意味着必须是真正的产品或空间:更准确地说,它处于一个中间阶段,介于纯形式训练与可供生产的真实产品的设计之间的阶段。

——[美] 罗伊娜·里德·科斯塔罗

从构成走向产品设计
From Construction to Product Design

第一节　抽象形态与实用功能的结合

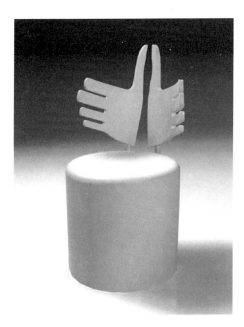

在前面的章节中，我们讨论了基础形态以及产品的形态与功能、材料、构造等的关系，在这一章中，我们要进一步探讨抽象的基础形态向现实的产品形态的转变，同时我们通过一些综合性的实例和设计现象来进一步探讨和理解这种关系。

在本节中，我们要进行一个综合性的训练——"倚"的设计。先给定一个直径和高都是45cm圆柱体，作为我们的坐面，相当下一个凳子，然后要求我们设计一个"靠背"，与该圆柱体相连，尽量考虑形态的多样性，并综合考虑功能、构造、材料和连接等要求，同时圆柱体的形态不能改变，但可以允许进行适当的倒角等细节性的形态变化。

这个练习实际上是"靠背"和"连接"两个"功能面"的设计，也就是设计与人的背部发生关系的形式和该形式与底部圆柱连接的方式。之所以称为"倚"的设计，而没有叫"椅"的设计，一是"倚"可以弱化该设计的"产品化"要求，也就是说这个练习并不是要求设计一个真正的椅子，同时"倚"能够避免椅子的既有形象对人形成的思维定势，使人的创新能力能够得到更好的发挥，突破造型的种种限制，创造出更加丰富和"奇"特的形态。二是强调该设计与人的功能要求之间的关系，也就是所设计的靠背部分必须要考虑到能够满足人的倚靠的功能需要，真正体现设计以人为本。三是在构思的时候，"椅"容易引起对木质材料的联想，而"倚"则没有这个限定，这使得我们在材料的选择上更容易拓展思维，有了更多的发挥空间（图4-1~图4-3，彩图二十）。

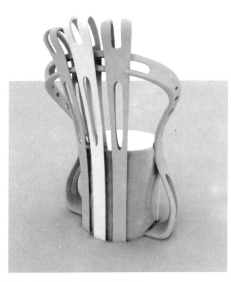

上＝■图4-1　"倚"的设计
下＝■图4-2　"倚"的设计背面

椅子设计是工业设计中一个非常综合和典型

第四章　综合性产品化形态设计

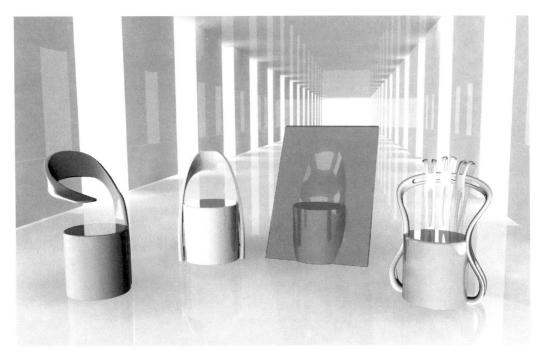

■图4-3　不同形式的"倚"的设计

的课题，也具有相当的困难性。对于座面的圆柱体的限定，有助于我们缩小思考的范围，从而使该设计问题单纯化。这个限定一方面降低了设计的难度和综合性，另一方面则要求我们对所要设计的部分给与更多的思考和探索，这有助于培养我们深入分析、发现问题、解决问题的能力。同时由于给定的圆柱进行了尺寸的限定，所以在设计中，附加的形态也就有了尺寸方面的考虑要求。允许在设计中对圆柱体进行适当的倒角等细节处理，主要考虑到既有圆柱体与所设计的形态之间的统一性，由于纯粹的几何体的形态比较生硬和单调，会限制附加形态的创造，使一些形态的配合产生不协调感。

第二节　从抽象形态到实用产品的发展

由抽象的基础形态发展到现实的产品，这是本书的主旨，在前面的章节中，我们始终是围绕这一点来阐述的，基础设计课程的桥梁作用，也正是体现在这里。

这种从抽象的形态发展出能够作为日常生活、工作的实用品的探讨，主要训练形态和功能的结合能力，它需要我们的想像力，同时必须具备利用材料、结构、工艺等知识来解决实际问题的能力，后者正是实现这种转化的关键性因素。

按照正常的产品设计程序，一般是目的在先，形态在后，而我们则是先确定某个形态，再来寻求能够满足这个形态的产品。这种创造的过程与实际的产品形态设计，刚好是一个互逆的过程，前者是对一个形态做功能感的创造。后者是针对一个功能进行形态的创造。两者各有限制，各有发挥的空间，两者的碰撞和统一，就容易形成一个优秀的设计。这也正是这个训练的目的，同时也是整个基础设计课程的共同特点。

下面我们利用三块平板相接的基本形，来创造符合实际功能的形态（图4-4）。这个基本形虽然单纯，然而根据材料、结构等的不同，同时利用组合方式的稍加变化，就会产生出许多完全不同的实用形式。当然这种方式产生的实用形态在诸如人机工程、加工生产等方面会存在一定的问题，但一般通过稍加修改就可以解决（图4-5～图4-8）。彩图二十一是对一个与此类似的基本形所作的功能化发展。

上1=■图4-4　抽象基本形
下=■图4-5～4-8　由基本形向实用形态的多种演变

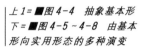
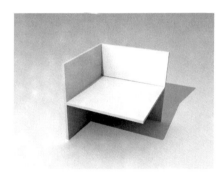

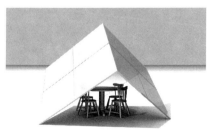

第三节 "夹"的探究与设计

作为中国人，我们每天吃饭都离不开一个工具，那就是筷子（图4-9）。筷子的形态极其简单，但是它的功能却非常灵活和多样，考察筷子的功能，我们可以发现，筷子的核心功能是"夹"，古时筷子也叫"挟"，很好的说明了这一点。筷子是一个典型的"夹"的现象，"夹"是产品中一个非常普遍的现象，绝大部分的产品，都会或多或少地运用到"夹"的功能。然而什么是"夹"呢？在甲骨文字形中，"夹"字是一个会意字，像左右二人从两边辅助中间一个人，本义是指从左右两方相持，从两旁限制。因而"夹"在设计中，就是指处于两边的形态与中间的形态发生关系的一种现象。

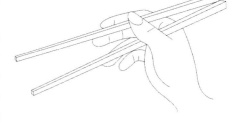

图4-9 我们非常熟悉的筷子

在我们人体中，也有很多"夹"的现象，比如我们的上下牙齿，就具有很好的"夹"的功能，能够夹碎各种食物；我们的手，在抓握东西的时候，本质上也是一种"夹"；当我们的手忙不过来的时候，我们把物体夹在腋下；人的拥抱动作，是一种"夹"；人们抽烟的时候，用手指或嘴唇夹住香烟；我们戴的眼镜，夹在我们头的两侧……在产品中，"夹"的现象也随处可见，比如我们日常用的自行车，在刹车系统中，从与人手接触的握把到与车轮接触的制动方式，都是"夹"；书包架上，常常会有一个大的夹子；一般的坐垫的角度调节，靠的是"夹"；车轮的安装、固定，靠的就是车架两侧的"夹"……分析这些人体和产品设计中的现象，我们可以发现"夹"的存在非常普遍；另外"夹"的产生必须要有两侧物体的挟持，并且与中间的第三方物体发生作用。

"夹"不等于夹子，这只是"夹"的一种特殊情况，"夹"的运用也远不止此，当然，从本质上来说，所有"夹"的现象，都是对夹子功能的一种扩展。在"夹"的现象中，有的两侧的"夹"仅仅是为了与中间的形态相固定，更多的，则是为了实现某种特定的功能。

"夹"是一种比较综合的设计现象，它的产生与形态、结构、机构、材料等都有一定的联系。图4-10的"夹"主要是由提手

从构成走向产品设计
From Construction to Product Design

上左 = 图4-10
上右 = 图4-11
下左 = 图4-12
下右 = 图4-13

卡口特殊的形态以及重力的辅助所产生的；图4-11中的"夹"则主要是依靠材料的弹性形成的；我们平时用的书夹主要利用了形态和书自身的重力的作用，图4-12是一个书夹的设计。图4-13中的"夹"则是依靠结构和机构的共同作用所形成的。这些产品形态要素之间的相互作用，产生了丰富多彩的"夹"的现象，形成了产品在功能、形态上的一个重要设计点。彩图二十二是与"夹"有关的一些产品，彩图二十三是以"夹"为主题的设计。

第四节　"折叠"的探究与设计

一、"折叠"的含义

"折叠"是一种很常见的设计现象，我们日常生活中接触到的很多物品都可以折叠，我们用的翻盖式手机、眼镜、书本等；甚至我们的身体本身就是一个折叠的存在，从眨眼睛到弯腰，从握拳到走路，处处离不开折叠，在自然界中，孔雀开屏是一种典型的"折叠"方式 *(图4-14)*。我们的古人很早就开始利用"折叠"这种方式，"折叠"在中国传统文化中也占有重要的地位，比如将书写的纸张折叠形成了"折子"、"奏折"，发明了折扇、屏风等，方便了使用和存放 *(图4-15)*。中国的民间传统艺术——剪纸有着悠久的历史，剪纸在中国民间是最为流行的一种艺术形式，它体现了中华民族淳厚隽永的民情与民风，这些剪纸大都采用先折叠后剪或刻的方法做成。

所谓"折叠"，是指把物体的一部分转过来与另一部分挨在一起，它本身包含了两层意思，即"折"和"叠"。但这里所说的折叠主要强调的是"折"（汉语"折叠"中的"叠"也有"折"的含义），不包括那些单体本身并不具备"折"的功能，而只是利用多个单体实现层叠或套叠的物品。由于这种产品的"套叠"（这里的"叠"指累积的意思）的现象也比较常见，同时它与"折"的关系非常密切，所以我们在后面会单独谈到。同时，这里我们所说的折叠物品，是指在使用过程中能够被反复折叠和展开的，那些在整个使用过程中，只能被折叠或展开一次的物品并不包含在内，比如初次使用时的组装。

折叠无处不在,折叠的形态设计巧妙，能够很好地节省空间，满足了我们快节奏生活的实际需要。伞是一个非常成功的折叠产品，当下雨需要用时就打开，能够遮风挡雨，当不需要用时，可以收拢起来，体积减小，方便了携带与存储。为了使携带更加方便，后来伞又被加入了另一种形式的折叠，形成了"两折伞"，继而又发展成"三折伞"、

上 = 图4-14　孔雀开屏是典型的折叠现象
中 = 图4-15　可折叠的屏风
下 = 图4-16　折叠伞

上 = 图4-17 通过折叠节省空间
中 = 图4-18 通过折叠实现功能的转换
下 = 图4-19 折叠袋子

"四折伞",进一步缩小了体积,折叠的作用发挥到了极致(图4-16)。

二、折叠的作用

折叠是人类为了适应各种改变而发明的,能够折叠的物品往往具有更广泛的用途。折叠本身往往不是物品的目的,经常只是作为一个辅助功能(但是有的时候,这种辅助功能对"目的功能"的发挥起着决定性的作用),而一些物品往往具有两种或更多的目的功用。一般来说,折叠的作用可以分为两大类,一类是缩小该物品(或物品组)的体积,节省空间,方便存储(图4-17);另一类是实现物品功能或状态的转换(图4-18)。在很多情况下,这两种作用是同时存在的。

由上述可知,有两类物品需要考虑折叠功能,第一类是物品的形态分布不理想或尺寸过大,比如一个空的袋子,如图4-19所示。对于很小的物品,我们没有必要考虑折叠,比如一个硬币;而对于像汽车引擎这样比较大的,由于它紧凑而充实,所以我们也没有必要考虑它的折叠。要想折叠一件东西,它的体积必须是可以被重新分配的。当然除了那些能被压缩的,物品的体积并不真正的随折叠而减少,一把伞收拢后被折叠了很多次,它看起来是变小了,但实际上真正的体积并没有减少,只是它作为整体所占据的空间变得合理化了,它变换成了一种更为实用和可携带的形式。另一类是物品需要实现功能的转换,在这种情况下,往往是某两种或多种功能具有相关性,然后通过折叠,能够实现很巧妙的转换,既方便使用,又能节省成本与空间,实现一物多用。应该说,大

第四章　综合性产品化形态设计

上 = 图4-20　埃及法老墓中的折叠床
下 = 图4-21　象征权贵的凳子"sella curulis"

部分的折叠情况属于前者。

　　折叠已经被广泛地运用到了产品设计中，我们日常生活中所接触到的产品，很多都具有折叠功能，从伞到自行车，从手机到计算机键盘，无处不在。折叠物品节省空间，设计精妙，能够很好地满足我们快节奏生活的需要，折叠家具就是其中很重要的一类，凳子、椅子、桌子、床、柜子等都有折叠的设计。折叠的坐具已经有几千年的历史了，埃及权贵在公元前200年就已经使用折叠的凳子；在埃及法老的墓中，还发现了造于约公元前1360年的折叠床 (图4-20)；折叠起来的凳子"sella curulis"既是坐具又是身份的象征 (图4-21)。可见，人类很早就开始研究折叠现象了。

上 = 图4-22　折叠的两种状态
下 = 图4-23　折叠后才能使用的设计

三、折叠的状态

　　折叠的物品往往在形态、功能、结构、机构等因素上结合得很巧妙，它们一般有两种状态：折叠与展开，在大多数情况下对应为"存储状态"和"使用状态"(图4-22)，也有的情况刚好相反（图4-23）。

　　使用价值是一个物品存在的原因，所以一个具有折叠功能的物品，不论是折叠还是展开，都必须至少有一种状态能够被使用，也就是说折叠物品必须具有使用状态，但它可以没有明确的存储状态。如前所述，并非所有的折叠都是为了节省空间，有的折叠仅仅是为了功能的转换。这些

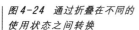

图 4-24 通过折叠在不同的使用状态之间转换

折叠物品在折叠过程中并没有形成很明确的折叠状态与展开状态，同时也就没有存储状态与使用状态之分，它是通过折叠，从一种使用状态转到了另一种使用状态（一个折叠物可以有多种使用状态，可以根据不同的功能需要，呈现出不同的形态，如图 4-24）。

即使是在为了节省空间而折叠的存储状态，我们的设计也应该尽可能使其转化为使用状态，即在满足存储的前提下，尽

左上 = 图 4-25 早期的翻盖手机，折叠后基本不具备使用功能
左下 = 图 4-26 折叠后也具有一定功能的双屏手机
右 = 图 4-27 具有更多折叠方式与功能的新式手机

可能增加使用状态，这是一个好的折叠设计所必须具备的。翻盖手机的设计，是很好的例子。最初手机的折叠主要是为了减小体积，但是折叠以后，手机处于存储状态，不利于使用（图4-25），于是设计者对此进行了改良，在手机的外侧又设置了一个屏幕以及一些功能键，使得手机在折叠状态也能使用，这样就使得存储状态也部分地成为了一种使用状态（图4-26，图4-27）。

另外，需要说明的是，从严格意义上来讲，物品可以被折叠和物品具有折叠功能是两个不同的概念和形式，具有折叠功能的物品一定能够被折叠，但是能够被折叠的物品不一定具有折叠功能，比如我们可以说一个翻盖手机具有折叠功能，但是如果说一张报纸具有折叠功能，就显得有些牵强。然而它们之间的区别是非常微妙的，在有些时候很难界定，由于这个问题的复杂性，我们在这里暂不做讨论。

折叠的具体方式一般包括压、折、卷、铰接、滑动、充气等类别，这些方法之间往往互相联系在一起。彩图二十四至二十五是一些具有折叠功能的产品实例，彩图二十六是以"折叠"为主题所做的产品设计。

四、产品的"套叠"

"套叠"与"折叠"有着密切关系（"折"往往伴随着产生"叠"），同时它又是独立的一种设计现

左=图4-28 两个容器之间的套叠
右上=图4-29 椅子的套叠
右下=图4-30 杯、碟的套叠

象。所谓形态的"套叠",是指一个形态的一部分纳入到另一个形态中去的现象（图4-28～图4-30）。套叠是指两个独立的产品之间的关系,而折叠则更多的是指单个产品所具有的功能。把材料重叠起来形成立体的构造物,这种形式称为累积。

累积是自然界中非常普遍的现象,从树的落叶堆积到大陆板块之间的碰撞、重叠形成山脉等等,人类很早也学会了累积,金字塔、长城等伟大建筑的产生,就是累积的结果。

我们这里所说的套叠是形态累积的一种特殊情况,即累积的形态之间有我们前面所说的"形态的契合"关系,也就是同一类形体或不同类的形体组合在一起时,具有相互吻合的部分,可以说套叠现象是形态的契合设计的一种具体应用。与折叠的结果一样,套叠可以使产品所占的空间大大缩小,方便人们的存储和运输,一次性纸杯的套叠是一个典型的例子（图4-31～图4-33,彩图二十五）。

图4-31～图4-33 产品的套叠

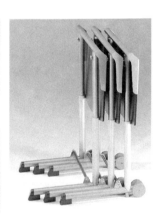

第五章　　车载导航仪设计实例

　　一切事情，必须亲自去体验，从而训练自己进一步从知识的范畴里跳出来，你才算是一个成功的设计师。

　　　　　　　　　　——［日］高山正喜久

从构成走向产品设计
From Construction to Product Design

第一节 产品概述和设计准备

在前面的章节中，我们谈了基础形态的设计以及功能、构造、材料等产品形态设计的基本要素，本章我们介绍的是一款车载卫星导航设备的设计过程。在此我们并不是为了完整地介绍工业设计的流程，而是要强调在设计的过程中对功能、材料、结构、工艺等的考虑，因为这正是缺乏经验的学生和设计人员最欠缺的。

这是一款电子产品，安装于汽车的仪表板上方（图5-1），内置GPS与GPRS两套导航定位系统，通过微电脑控制，可以为驾驶员提供地图信息，进行准确导航。导航仪配备有大屏幕液晶显示器，并且可以通过手机网络实现通讯和互联网功能；同时还配备了扬声器系统，具有多媒体娱乐功能。本章详细叙述了该产品的外观和结构设计过程，可作为3C产品、家用电器等的设计参考。

在着手具体设计之前，先要做些准备工作，这个工作相当重要。我们首先要了解这个产品的功能，因为这时设计师对产品的概念还十分模糊，尤其是这类不是很普及的专用产品。这是个与厂商沟通的过程，通过多次的交流，产品的大体轮廓开始慢慢形成。在此同时要进行市场调研工作，寻找同类产品的资料，作为参考，当设计目标逐渐清晰后就可以进行外观的设计工作。

| 图5-1 本产品的使用环境

第二节 外观设计

产品外观设计通常会分好几轮进行。第一轮先大致勾勒一些轮廓，然后通过讨论等来确定产品造型的大致走向。在导航仪的设计中，我们通过上述第一阶段，对产品有了比较深入地了解。首先，这个产品的导航功能主要是靠屏幕显示的电子地图来实现的，根据产品所放的位置，考虑到驾驶员要在开车的过程中看清上面的显示信息，所以屏幕不能太小；但是也不能太大，否则会阻挡驾驶员的视线。也就是导航仪要尽量减小遮挡，同时最大限度地扩大显示屏的面积，所以我们很自然地想到，产品正面的主体就是显示屏。为了确定显示屏的尺寸，我们做了很多大小不同的简易模型，放在产品所要放的位置，然后请了几个司机通过模拟使用来评价，最后我们选定了其中一块。由于市场上的液晶显示屏有一定的尺寸规格，所以我们选择了最为接近的一个尺寸155mm×87mm，该尺寸与我们原先定的尺寸相差很小，对使用影响不大。

导航仪上面还有些功能按钮，通过讨论，我们觉得安排在屏幕下面比较合理，这样使用时手不会遮挡屏幕，同时也减小了在操作受力时对底座所产生的力臂，不会产生摇晃的情况，也符合一般的使用习惯。导航仪上面还有耳机、USB等插口，本来我们考虑为了方便驾驶员使用，插口放在左边，但是，后来我们想到，这个插口并不是经常性地使用，一般来说，插好后就很少动了，并且如果插口在左边，耳机线、USB线等会干扰驾驶员的视线，所以最后我们放在了右边（图5-2，图5-3）。

这款产品的设计还有一个比较特殊的地方，这一点很重要。一般来说，我们在做设计的时候，都希望所设计的东西尽量美观，引人注目，然而这个是要结合具体的产品来看的，并不是所有产品的造型都是越"漂亮"越好，造型必须为功能服务，否则就会喧宾夺主。对这款导航仪来说，为了不至于过多吸引驾驶员的视线而影响开车安全，这款产品的造型不宜做得过于抢眼，但是可以适当地强调一下显示和按钮区域，这样便于视觉定位。

上 = ■图5-2 产品功能的构思

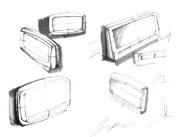

下 = ■图5-3 产品造型方向的确立

从构成走向产品设计
From Construction to Product Design

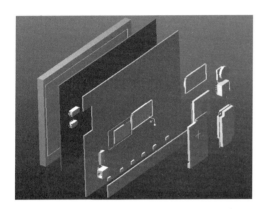

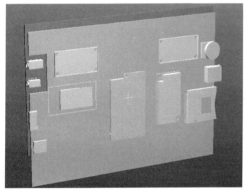

上＝■图5-4 零件的选择
下＝■图5-5 零件布板

另外，我们考察了很多汽车的安装环境和其他车载产品的情况，觉得圆润的外形同汽车的内饰配合更协调。我们在综合以上情况的基础上，确定了大致造型（图5-4）。

接下来需要确定产品的主要电子零件和对外的接插部件，比如液晶显示屏模块（显示屏和触摸屏的总称，触摸屏外形像一块玻璃，用胶粘在显示屏上，设计时将其视为一个零件）、GPS模块和GPRS模块、扬声器、耳机、USB接口、电源插座等的类型。这些关键零件直接决定了导航仪最终的体积和局部形态，所以在深入设计之前要综合考虑（图5-5）。

主要的零件选定了以后，接下来要在电子、机构等方面的工程师的协助下进行大致的布板，也就是把主要零件排放到印刷电路板上，并且决定印刷电路板的块数、相对位置等。由于受散热和电子干扰的限制，这时请电子工程师介入可以少走弯路。这些电子零件的排布过程可以通过计算机软件来实现，简单直观（图5-5）。为了减小产品体积，对大体积的零件的排布要进行推敲，厚度大的零件尽量错开放，提高空间的利用效率。

导航仪内部零件的框架基本搭成后，就可以进行进一步的外观设计。这时首先需要考虑的是产品的选材，材料的选择对产品造型的影响是非常大的，一般来说，构成现代工业产品外壳的材料主要有两大类：塑料和金属。关于这两种材料，我们在前面第三章已经介绍过了，这两者在物化性质、加工工艺等各方面有着很大的差异，所以产品选择的材料不同，造型上会有很大的区别。总的来说，塑料的成型更自由，可以塑造的形态更加丰富多样，而金属的成型相对要困难一点，一般不宜进行复杂造型。现在随着塑料的普及和加工技术的提高，绝大部分的产品都采用了塑料作为外壳，所以产品的形态变得越来越自由和多样。

针对上述情况，这款产品的机壳我们首先选择以ABS塑料为主，这样同时可以减轻产品的重量。前面我们已经说过，在这款产品中，我们希望突出的是屏幕和按钮，所以我们考虑在正面屏幕的四周设计由金属铝冲压成型的饰板，既适当地丰富了外观，也强调了屏幕区域。之所以考虑铝合金，是因为它的密度小，不会影响整体重量。

基本选定材料后，就可以按照材料的成型特点和外观的初步概念进行进一步的设计，这个阶段可以在计算机中建模，这样可以把布局好的线路板和板上的零件一起包括进去，以此设计的造型才不会产生内部空间不足以及干涉等问题。

这个产品我们一开始的定位就是比较圆润的造型，其实从材料和结构的角度来讲，圆角设计对塑料件的成型有利，同时带有尖角的塑料件，往往会在尖角处产生应力的集中，影响塑料件的强度；同时还会出现凹痕和气泡，影响塑料件的外观质量。为此，塑料件除了在使用上要求必须采用尖角之处，其余所有转角处应尽可能采用圆弧过渡。此外，有了圆角，模具在淬火或使用时不致因应力集中而开裂。另外，由于显示屏的形状大小已经确定，设计外观的时候发现圆弧的外轮廓显得有点臃肿，于是适当地减少了轮廓的弧度，这样就可使产品看起来轻盈些。

| ■图5-6 确认后的效果图

通过以上所述的设计过程，外观基本确定下来了，一般情况下外观定稿后要做成效果图和模型以供委托方确认（图5-6），同时还要不断和结构工程师讨论结构、机构设计的可实现性问题，当最终外形定稿后，就移交结构工程师进行结构设计。

第三节　结构设计

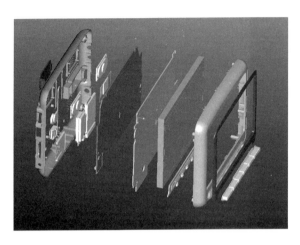

■图5-7　结构设计

做产品开发和建筑设计一样，光有外观是不够的，当外观基本确定后就要根据产品的特性设计结构和机构。结构设计主要由结构工程师负责，但是结构设计中遇到的问题会直接影响到产品的外观，在很多情况下，外观设计人员会对结构设计师提出一些要求，结构设计师也会要求外观作适当的变动，这是一个交流和协调的过程，所以作为工业设计师了解一些结构设计的一般过程是非常必要的，这样可以避免不必要的返工。

在产品设计中，结构设计主要指对产品内部的受力、构造、零件的几何外形和装配方式等的设计，另外，我们一般把机构的设计也包含在结构设计之内。正如建筑结构设计在建筑设计中可以保证建筑的绝对稳定和安全一样，在产品设计中，结构设计也扮演着同样的角色，它可以使一个视觉形态最终变成能够使用的现实产品（图5-7）。

在进行结构设计以前先要做一系列的准备工作，首先要了解最终产品的使用情况，对产品要求达到的机械强度（抗冲击、震动、摩擦等）做到心中有数；其次研究外观模型和内部零件的空间关系，对设计可能碰到的问题和困难进行预估，以便设计时能从整体考虑，提高效率；还有就是仔细考虑产品生产时可能碰到的组装问题，好的结构设计要求产品在流水线上能够顺利方便地组装。

我们在前面已经说过，所谓结构是用来支撑物体或承受物体重量的一种构成形式，因此，一个合理的结构必定是充分利用材料的特性，在一定的条件下使其发挥最大的强度。针对这款导航仪来说，主体是由塑料件和铝合金钣金件所构成的（钣金件就是对金属板材进行机械加工而制成的部件），而支架则是铁皮钣金件和金属机加工件，下面将针对不同材料和加工工艺在结构设计中遇到一些问题作一些说明。

导航仪的内部有很多元器件，所以它的主体内部是一个腔体，塑料件设计首先要形成一个有一定壁厚的壳体，然后由若干块壳体形成一个腔，用于安装零件。这款产品由上下壳组成，这是比较常用的一种方式，壳体的壁厚是结构设计的一个重要参数，确定时主要需要考虑以下的因素：

塑料的强度和刚度：强度是指壳体本身的抗破坏能力，刚度是指抗变形能力。有些壳体在受到外力作用时，本身不会被损坏，但却产生了变形，造成内部元器件的损坏，所以要针对不同的情况进行综合分析。这个不仅包括实际使用要求的考虑，也包括在装配时能否承受紧固力，不至于变形和损坏，比如上下壳之间用螺丝拧紧的过程中，是不是会出现变形和碎裂，甚至还要考虑塑料件能否承受生产过程中脱模机构的冲击和震动。塑料件的体量对壁厚也有较大影响，一般体积大的产品壁厚也应相应大一些。

塑料件的外壳壁厚要尽量一致。加强筋（用于加强壳体强度，加强筋形状就像肋骨，是和塑料件壁垂直的一些片状或条状结构，在大多数塑料制品上都能看到）和螺丝柱的壁厚应小于外壳壁厚的 2/3，否则容易在表面产生缩水痕迹，就是一些不规则的凹痕，影响外观质量。另外，所选用的塑料不同，所要求的壁厚也不同，一般流动性好的塑料壁厚比较薄，反之则厚，如果选择不当会造成塑胶在注塑时不能完全充满模腔，使做出的产品缺损，影响质量，这个道理就像浓稠的液体不能很快地流到细缝里一样（图5-8）。

本款产品体积约 200mm × 120mm × 30mm，选用的是 ABS 塑料，根据 ABS 的性质和该产品的体积，壁厚可选择 1.5~2.5mm，考虑到汽车内的使用环境，强度要求较高，壁厚值应偏大。同时考虑到该造型以弧线为主，本身

上 = ■图5-8 加强筋（深色部分）
下 = ■图5-9 保持壁厚均匀

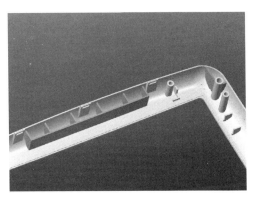

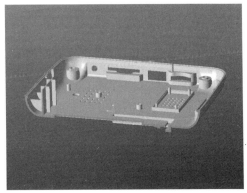

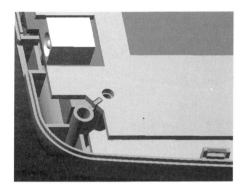

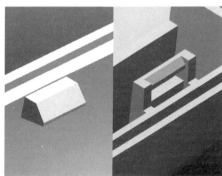

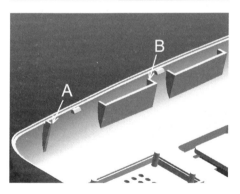

上 = ■图5-10 螺丝柱
中 = ■图5-11 卡钩
下 = ■图5-12 定位结构

强度较高，可适当降低壁厚；另外考虑到支架的安装方式对机器的自重比较敏感，壁厚不应过厚，综合以上因素，壁厚定为1.8mm（图5-9）。

有了合适的壳体，紧接着就是设计螺丝柱和定位柱，这些主要是为了固定机壳和电路板的。电子产品的内部零件大多是焊接在电路板上的，本产品也不例外，除了显示屏模块，扬声器和天线插坐，其余零件全部固定在电路板上。现在通过螺丝柱和定位柱来固定电路板，同时把大多数的零件固定在机壳上。

机壳和电路板通过螺丝柱和螺丝来连接和固定，上下壳之间的固定很多是通过螺丝柱和螺丝来完成（图5-10）。考虑到本产品的使用环境对强度要求较高，在设计上下壳的螺丝柱时嵌入了金属螺柱，螺柱像一根空心的管子，里层有内螺纹，外层有齿，使用螺柱可以增加连接强度，并可以大大增加拆装次数（在不嵌入螺柱的情况下，直接用自攻螺丝在塑料上拧出螺纹，拆装次数一多，螺纹就会磨损，影响装配）。但使用螺柱加工工艺复杂，成本较高。

因为对使用强度要求较高，所以本产品上下壳体的连接还使用了卡钩（图5-11）。卡钩可以使塑件之间的连接更稳固。所谓卡钩就是在塑件上形成的钩子，一般上下壳之间各有一个，形状不同，但构成一幅，配套使用。安装时，一幅卡钩会互相卡合，牢牢钩在一起，形成装配关系。卡钩同时起到固定和定位的作用，作为螺丝固定的补充。也有的产品对连接强度要求不高，直接通过卡钩连接，节省了成本和组装工作量，在很多情况下，正如本产品一样，是通过卡钩和螺丝共同作用，达到稳固的连接。

在本产品的内部设计中，一般还需要有定位结构（图5-12-A）。在组装电路板时，定位结构可以使电路板迅速到位，使电路板上的螺丝孔和机壳上的螺丝柱对齐，大大提高组装工人的工作效率。同时可以起到防呆作用，避免组装出错。所谓防呆设计，是指能够避免人为出错的设计。比如在安装形状对称的部件时，就像计算机的CPU，容易弄错，所以故意做成缺一角的形状，这样如果出错，就安装不上去，这其实就是防呆措施。在设计可能出现组装错误的零件时可以通过定位柱来防呆。另外定位柱还可以协助螺丝固定零件，使用螺丝是要计算成本的，但定位柱成本很小，有时可用定位柱来代替螺丝，简化产品生产流程，降低成本。

现在导航仪壳体有了定位柱和螺丝柱，显示屏模块、扬声器等都可以安装了，但就如此开模生产的话，得到的产品外观是很容易变形的。为了加强塑件的机械强度，除了一开始设计合理的壁厚，还需要设计加强筋。合理的加强筋设计可以增加强度，减少材料的用量，同时可以避免产品外观产生气泡、缩孔、凹痕、翘曲变形等缺陷 *(图5-12-B)*。

大型平面上布置加强筋能增加塑件的刚性，沿着料流方向的加强筋还能降低塑料的充模阻力（指熔融的塑料在模具里面流动时受到的阻力）。我们经常可以看到一些塑料箱子的底部、显示器底部有这样的加强筋。在布置加强筋的时候，因尽量避免塑料的局部集中的情况，否则会有缩水、气泡等问题出现，具体操作的时候就是尽量避免两根以上的加强筋交于一点上。同时加强筋应设计的多而矮为好，加强筋之间的距离应大于两倍的外壳壁厚。

加强筋除了对产品的整体进行加固，还可以用在受力特别集中的地方，比方说连接上下壳的螺丝柱是集中受力的地方，这时需要在其周围布置加强筋。加强筋还有一个用途，就是形成一个支承面，对其他部分形成依托，比如本产品安装按键的线路板的固定螺丝在线路板两头，线路板又是长条形，中间受力大的部分缺少依托 *(图5-13)*，于是在后盖上设计加强筋形成

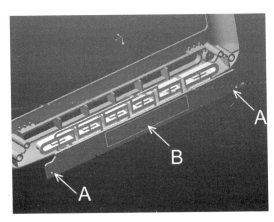

| ■图5-13　线路板的安装

上＝■图5-14 由加强筋所形成的支撑面
中＝■图5-15 散热孔设计
下＝图5-16 金属冲压加工

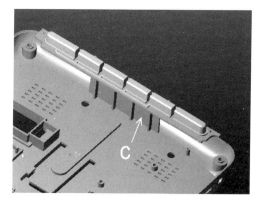

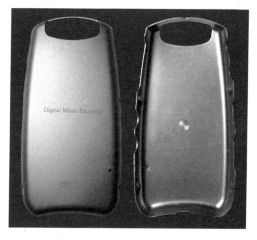

支承面，这样在按键的时候，按键板就不会变形了（图5-14）。其中A处为固定点，B处为按动按键时电路板的主要受力位置，为了使B处得到充分的支撑，避免电路板变形，在C处设计了加强筋，提供了一个支撑面（图5-13，图5-14）。

以上是从塑料件的设计角度论述产品的结构设计，但是还有一部分结构是和零件的特性有关，如扬声器的安装和固定结构。扬声器是一种电声设备，种类繁多，本产品使用的是密封式高功率微型扬声器，按照零件的技术规格，需要设计一个腔体，这样做才能使声音还原清晰洪亮。这些涉及到具体某一方面的问题，往往需要电气工程师或者相关专业人员的协助。

在电子产品的结构设计中常常要考虑散热问题，比如在本产品中，需要解决电源和液晶显示屏部分的散热问题。一般情况下，可以通过在发热部件和其他部件之间尽可能多留空间，利用空气对流来散热，或者在产品壳体中开散热孔，以及使用金属散热片、风扇强制散热，电脑中就有很多散热风扇。

本产品在设计时留出了散热空间，并在壳体上开了网状的散热孔，在正对散热孔的电路板上开了个洞，使空气流通更加顺畅。这就是在设计时故意形成空气的对流，通过流通的空气来带走热量。需要注意的是，散热孔是显示在产品外观上的一个重要的造型元素，应该认真设计它们的形态，达到既满足散热的要求，同时形成美观的图案，不可随意处置，破坏整体外观（图5-15）。出声孔的设计也有同样的情况。

为了丰富产品的外观，增加材质之间的对比，这款产品除了塑料件，还用到了铝合金饰板，作为显示屏周围的装饰，同时起到突出显示屏的作用。这块饰板是冲压而成的钣金件，钣金件往往是有很多道工序加工而成，如冲裁、弯曲、拉伸等等。如图 *(图5-16)* 所示的是金属冲压加工的一个零件。

在产品结构设计的过程中，常常会遇到外观与结构相互制约甚至冲突的情况，这是很普遍的现象。设计本身就是一个很综合的过程，需要巧妙协调各种矛盾。随着设计的进行，有些原先没有考虑到的问题会出现，举一个例子：导航仪上设有耳机等插座，这就需要在机身外壳上开口。插座从开口中伸出，这和随身听上的耳机插座类似，而这就要求外壳开口处是一个平面，这样才美观并且能保证接触良好。然而由于产品是圆弧形的，外壳上该处是一个曲面，与结构上的要求矛盾，这就需要局部设置一个平面来解决 *(图5-17)*。这种由于结构的要求而在外观上做适当变化是相当普遍的，这些变化在实现功能与结构需要的同时，要尽量不影响产品的造型，同时最好能起到丰富产品细节的作用。

本产品配件中有一个专用支架，用来把机器固定在汽车仪表板上方。这个支架应用了万向关节和转轴的机构，实现了导航仪的姿态调整。由于这部分内容属于机械机构设计，限于篇幅，这里就不详述了，有兴趣的读者可以结合有关机构的知识，思考一下它们可能的连接方式。支架和导航仪的连接使用了一个插槽结构，可以随意装卸 *(图5-18)*。

到这里产品的结构设计基本完成了，一般来说这时需要做一个快速原型，来验证外观、结构和装配问题。确认没有问题后，才进行开模生产 *(图5-19)*。

上 = ■图5-17　侧面插孔设计
中 = ■图5-18　固定机构设计
下 = ■图5-19　快速原型照片

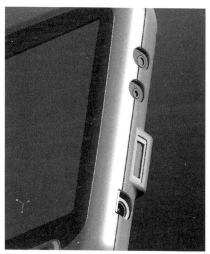

第四节　表面处理

上＝图5-20　金属拉丝工艺
中＝图5-21　铝的阳极化处理
下＝图5-22　塑料的电镀

使用模具加工生产出来的是毛胚，无论金属还是塑胶制品，在大多数情况下还要经过表面处理才能进行组装，表面处理会在很大程度上影响产品的外观，下面简单地介绍一下通常使用的表面处理工艺。

材料的不同，表面处理的方法会有较大的不同。塑料和金属都可应用的表面处理有喷涂、电镀、印刷等。此外金属还有一些特殊的处理方法，如抛光、喷沙、拉丝、铣切、阳极氧化等。

本款产品的塑壳毛胚就经过喷涂处理，以获得更精美的外观，相比不经喷涂处理的塑件，喷涂可使色彩鲜艳、饱满、表面光洁。此外，喷涂还可模拟很多其他材料的效果，如金属、珠光、橡胶等。喷涂是通过压缩空气使油漆雾化，均匀附着在物件表面，然后通过阴干、烘烤、紫外线照射等手段干燥固化的加工方法。喷涂可用于金属和非金属表面，很多手机表面的珠光效果就是通过喷涂工艺加工而成。

这款产品的铝饰板是经过拉丝处理的，拉丝效果可以充分表现金属的质感，用在产品外表，可以起到画龙点睛的作用。拉丝就是指在金属板表面用机械磨擦的方法加工出直纹等各种纹路的加工方法（图5-20）。

金属铝性质活泼，在空气中很快就会氧化，变得颜色黯淡，失去光泽，所以铝材加工好要经过阳极氧化处理，在金属表面生成一层特殊的氧化膜，这种氧化膜与自然形成的氧化膜不同，非常致密、耐磨，而且不失金属光泽。本产品的铝饰板在拉丝工艺处理后，也经过阳极氧化处理，以获得保护层。阳极氧化还有一个特点是加工时可以使用染料染色，

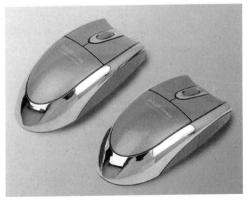

成品除了可以制成一般的银白色外还可以调配出许多鲜艳的颜色，极具表现力（图5-21）。

电镀工艺也是广泛使用的一种表面处理手段。电镀可以应用在塑料和金属上，可以产生很强的金属光泽，对产品的形态起到很好的装饰作用，在本产品中，按键的表面做了电镀处理（图5-22，图5-23）。

印刷技术也广泛应用在产品的表面处理和后加工中，如产品表面的文字图案之类主要通过印刷完成。本款产品的耳机、电源等接插口的说明文字都是通过丝网印刷印制到机壳上去的。

印刷也有很多种类，可以加工出许多不同的效果。应用最为广泛的是丝网印刷技术。丝网印刷是将丝织物、合成纤维织物或金属丝网绷在网框上，采用手工刻漆膜或光化学制版的方法制作丝网印版。现代丝网印刷技术，则是利用感光材料通过照相制版的方法制作丝网印版（使丝网印版上图文部分的丝网孔为通孔，而非图文部分的丝网孔被堵住）。印刷时通过刮板的挤压，使油墨通过图文部分的网孔转移到承印物上，形成与原稿一样的图文。

除了丝网印刷，使用最广泛的是移印工艺，它能够在不规则异形对象表面上印刷文字、图形和图像，现在正成为一种重要的特种印刷。例如，手机表面的文字和图案就是采用这种印刷方式，还有计算机键盘、仪器、仪表等很多电子产品的表面印刷，都以移印工艺完成。

印刷复杂图案或在曲面上印制图案主要靠转印工艺，所谓转印就是将中间载体薄膜上的图文采用相应的压力转移到承印物上的印刷方法。根据采用压力的不同，转印分为：热转印、水转印、气转印、丝网转印、低温转印等。此外，还有一种特殊

上＝■图5-23 本产品按钮经过了电镀处理
下＝图5-24 膜内转印工艺。屏幕周围的装饰采用了模内转印技术，可在复杂的曲面上印刷精美的图案

的转印工艺，称为膜内转印(IMD)。这种工艺是将表面处理和注塑加工一同完成的加工方法，是近年来风行的表面装饰技术，主要用于家电、手机、电子产品、面板、仪器仪表盘等的装饰。所谓膜内转印，就是将已印刷好图案的膜片放入金属模具内，通过送箔机器自动输送定位，然后将成型用的树脂注入金属模内与膜片接合，使印刷在膜片上的图案跟树脂形成一体而固化成产品的一种成型方法*(图5-24,图5-25)*。

　　另外本产品的按键上也有图形和文字，因为电镀件表面不容易做印刷，上面的文字标识是用激光刻上去的，激光雕刻同时可以防止磨损。激光是能量高度集中的一种光源，经过聚焦照射在零件表面，瞬间产生很高的温度，可以雕刻各种精细的图案和文字。彩图二十七是导航仪的照片和两个MP3的设计。

■图5-25　产品照片

第五节 总结

工业设计是一个系统工程，牵涉到的问题很多，绝对不是很多学生所认为的那样：画几张草图就是工业设计了，它关系到审美、市场、材料、结构、制造等多方面的问题。在这里我们只是就部分问题作了初步的说明，希望能抛砖引玉，引起广大学生和年轻设计师的重视。

创造美观、合理的形态是工业设计师的主要工作，在此同时，在外观设计的过程中，还要适当地考虑到外观是否会引起产品功能、结构设计方面的问题。结构设计是把产品的造型设计变为生产图纸的步骤，工业设计不是纯艺术设计，其最终的目的还是为了产品的批量生产、上市，由于结构设计和产品的最终形态有着很大的联系，作为成熟的工业设计师应对其有所了解，以免设计出难以生产的外观。同时，整个设计过程还是工业设计师和结构工程师、生产厂家等相互协作的过程，深入了解形态、功能、材料、结构、生产加工等一系列知识是一名优秀工业设计师的必备素质。

参考文献

1. 辛华泉编著. 形态构成学. 北京中国美术学院出版社 1999年6月第一版
2. 辛华泉 张柏萌 编著 《立体构成》湖北美术出版社 2002年8月第一版
3. [日]高山正喜久 著 王秀雄 译 《立体构成之基础》 台湾 大陆书店 1971年出版
4. [日]朝仓直巳 编著 林征 林华 译 《艺术·设计的立体构成》中国计划出版社 2000年10第一版
5. [日]清水吉治 著 《用效果图展开造型》 1998年4月出版
6. 谢大康 刘向东 编著 《基础设计——综合造型基础》 化学工业出版社教材出版中心 2003年8月第一版
7. 吴祖慈 著 《产品形态学》 江苏科学技术出版社 1991年8月第一版
8. 刘国余 沈杰 编著 《产品基础形态设计》 中国轻工业出版社 2001年5月第一版
9. 任仲泉 舒剑平 著 《立体设计》 江苏美术出版社 2001年4月第一版
10. 沈黎明 编著 《现代立体形态设计》 东华大学出版社 2004年3月第一版
11. 杨大松 主编 《立体形态设计基础》 安徽美术出版社 2003年3月第一版
12. 曹炜 编著 《日本都市建筑研究所1995—中国作品集—2000》 上海人民美术出版社 2000年8月第一版
13. 《艺术与设计·产品设计》 编辑部 《折叠》 《艺术与设计·产品设计》 2002年6月
14. 胡飞 杨瑞 编著 《设计符号与产品语义》 中国建筑工业出版社 2003年12月第一版
15. 宫六朝 主编 《工业造型艺术设计》 花山文艺出版社 2002年3月第一版

16. 吴翔 编著 《产品系统设计》 中国轻工业出版社 2000年6月第一版

17. 吴永健 王秉鉴 编著 《工业产品形态设计》 北京理工大学出版社 1996年3月第一版

18. 王明旨 主编 《产品设计》 中国美术学院出版社 1999年11月第一版

19. [美]盖尔·格里特·汉娜 著 李乐山等 译 《设计元素——罗伊娜·里德·科斯塔罗与视觉构成关系》 中国水利水电出版社 知识产权出版社出版 2003年8月第一版

20. 朱旭 著 《改变我们生活的150位设计家》 山东美术出版社 2002年8月第一版

后　记

　　本书经过半年多的撰写，至今日终于完成，在写作的过程中，我们查阅了很多的资料，倾注了大量的心血，在此册成书之际，不禁畅然如释，若读者能够从本书中获得裨益，我们将更感欣慰。

　　本书在撰写的过程中，得到了浙江理工大学艺术与设计学院工业设计系广大师生的支持和帮助，融入了的学生们辛勤学习、创作的成果（左边是是提供作品的学生名单）；同时还得到了江南大学设计学院江建民教授和中国建筑工业出版社的大力支持，我们谨在此表示由衷的感谢。

　　由于时间和水平所限，书中不足之处在所难免，恳请广大读者批评指正。

作者

2005年元月于杭州

本书作品提供：

夏　芒	郑存和
徐朝彩	张　倩
万统州	夏明厚
罗　宇	马　立
李　南	袁益敏
庄德峰	林　志
江志宏	刘晓磊
叶浩天	黄丽萍
阮尧锟	黄佳琦
吴佳忱	吴嘉荣
邢嘉妮	陈　瑛
叶　卉	王海青
章小锦	厉向东
严　翎	桂　扬
郑贤根	周　阅
柯碧莉	岑琴琴
林　玲	方　俊
▲蔡良选	▲周　鼎
▲王　鹏	

指导教师：李　锋

(带▲的由沈嘉指导)

彩色图例

彩图一　蒙德里安绘画的立体化

蒙德里安的抽象画

里特维德设计的乌得勒支（Utrecht）地方住宅，是对蒙德里安的抽象画所作的立体化

右图：根据蒙德里安的抽象画所设计的服装
下图：和田直人对蒙德里安的抽象画所作的立体化

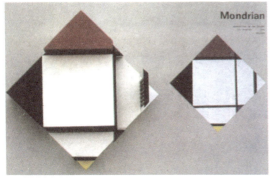

里特维德设计的红蓝椅，也是对蒙德里安的抽象画所作的立体化

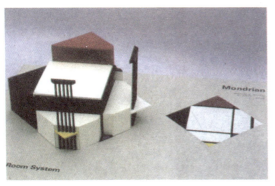

从构成走向产品设计
From Construction to Product Design

■彩图二 "三面立体"练习

"三面立体"练习（一）：
三个面的形态分别是"鱼"、"山"、"船"

"三面立体"练习（二）：
三个面的形态分别是"拳头"、"手帕"、"剪刀"

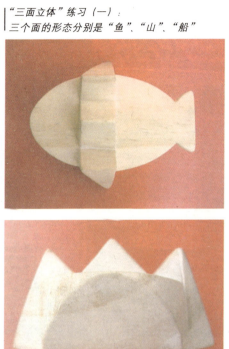

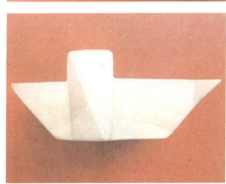

彩色图例

■彩图三　　由同一投影图发展出的不同立体形态

|投影图

从构成走向产品设计
From Construction to Product Design

彩图四　平面材料的立体化

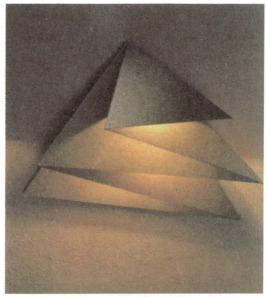

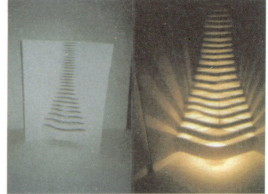

■ 彩图五　立方体的构建

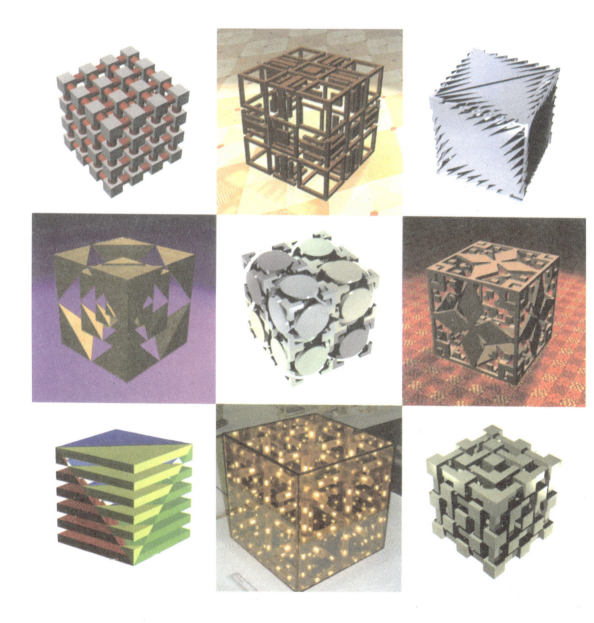

从构成走向产品设计
From Construction to Product Design

■ 彩图六　立方体的分割与重构

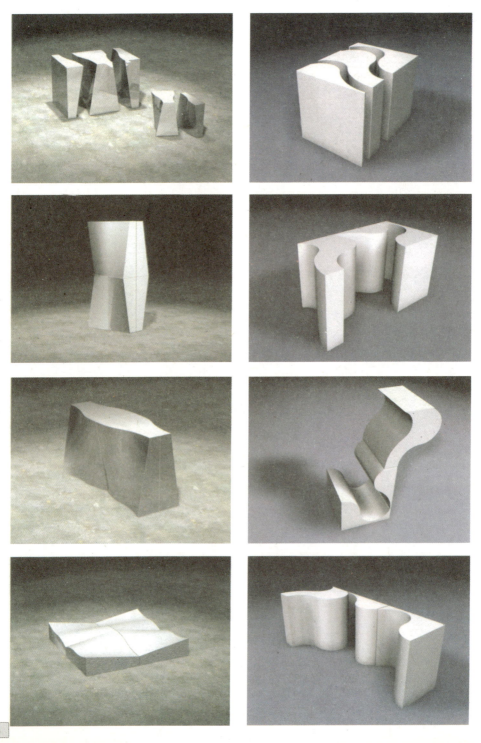

彩色图例

■彩图七　几何形态之间的组合

| 要注意形态之间的主次、平衡关系

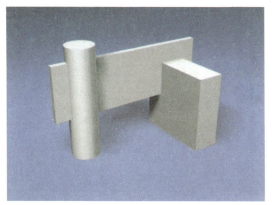

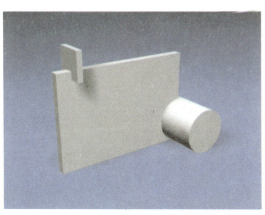
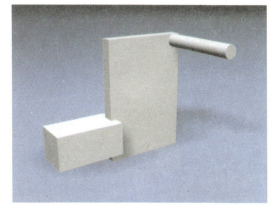

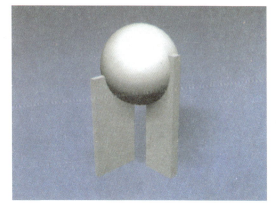

从构成走向产品设计
From Construction to Product Design

彩图八　组合形态的产品

右上、中图：由几何形态的组合所构成的产品
其余：相同的单元通过组合产生多样化的形态

■组合形态的灯具设计

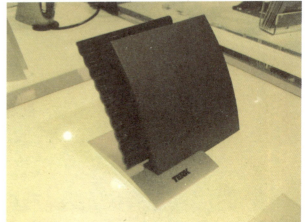

彩图九　契合形态的产品

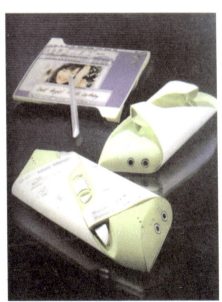

从构成走向产品设计
From Construction to Product Design

■彩图十　形态的过渡

■彩图十一 从"方到圆"的形态演变

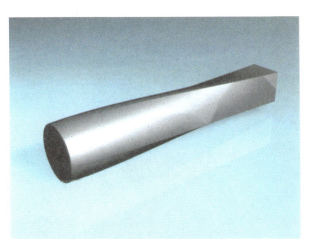

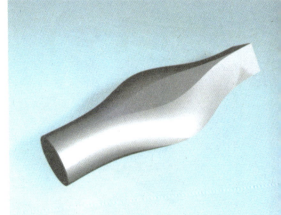

从构成走向产品设计
From Construction to Product Design

■彩图十二 立方体的产品化演变

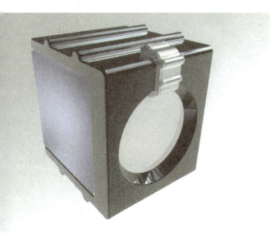

■彩图十三　圆锥体的产品化演变

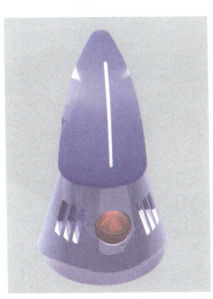
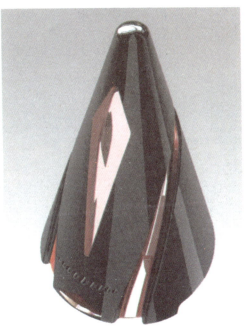

从构成走向产品设计
From Construction to Product Design

■彩图十四　　正方体表面的产品化刻画

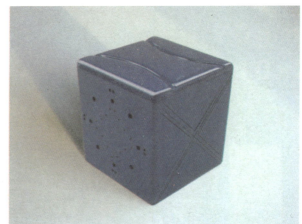

彩色图例

彩图十五　自然形态向产品形态的演变

从构成走向产品设计
From Construction to Product Design

彩图十六　产品形态的系列化演变

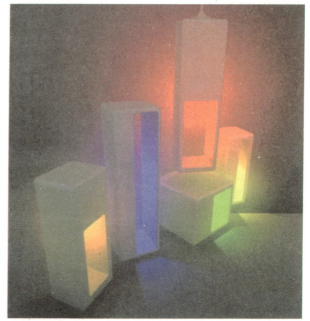

|■系列化灯具设计

彩图十七　由不同材料所构成的产品

■由稻草制成的碗

从构成走向产品设计
From Construction to Product Design

彩图十八　产品的形态与内部构造

彩色图例

■彩图十九 "纸包蛋"的练习

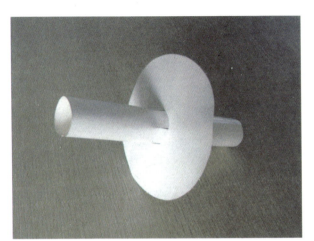

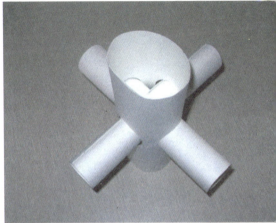

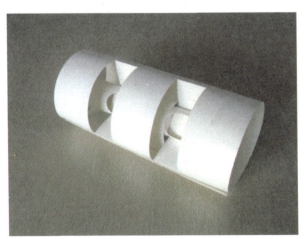

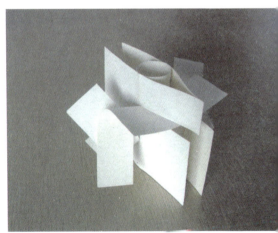

■通过对一张完整的纸进行切割,来设计制作"纸包蛋",其中实线表示切断,虚线表示弯折

从构成走向产品设计
From Construction to Product Design

■彩图二十 "倚"的设计(一)

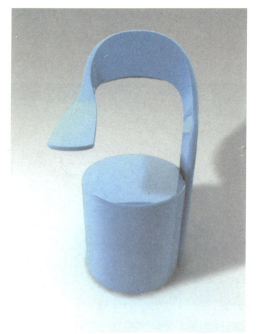
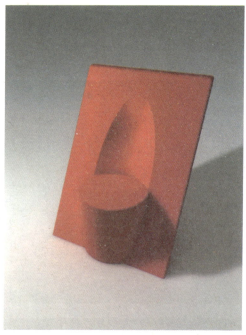

■彩图二十 "倚"的设计（二）

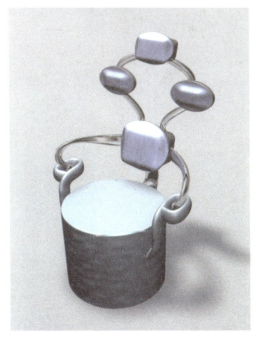

从构成走向产品设计
From Construction to Product Design

■彩图二十一　　从抽象形态到实用产品的发展

| 抽象基本形

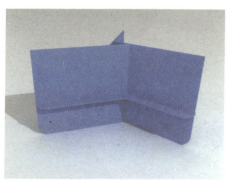

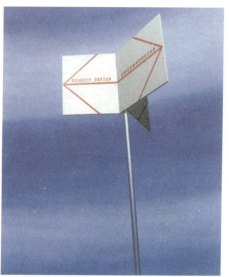

彩色图例

彩图二十二　与"夹"有关的产品（一）

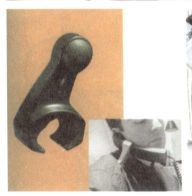

从构成走向产品设计
From Construction to Product Design

彩图二十二　与"夹"有关的产品（二）

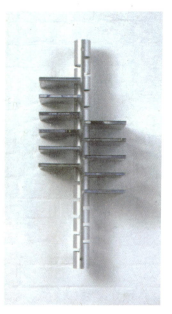

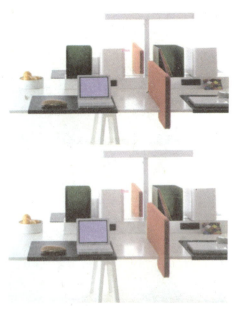

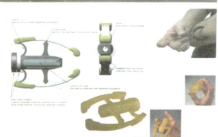

■ 彩图二十三　　以"夹"为主题的产品设计

| 铅笔夹的设计，利用了六边形的巧妙配合和材料的弹性

| CD 架的设计

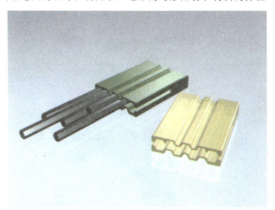
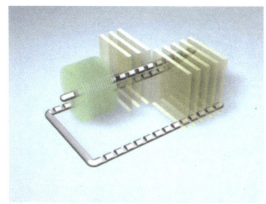

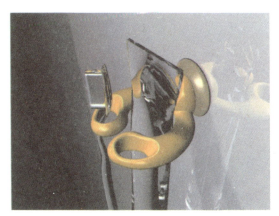

| 固定处的细节

"三面夹"的设计，任何两片之间都可以夹取类似纸张的物品，可用于夹便签等，非常方便

酒杯夹的设计。利用了电力工人爬电线杆的方式，即金属管和套孔之间形态上的配合和两者之间的摩擦力，为了解决水平的转动问题，金属管和套孔是略带椭圆的

从构成走向产品设计
From Construction to Product Design

彩图二十四　　产品的折叠

这些折叠主要是为了节省空间

下图：折叠自行车，经过折叠能变成一个带轮子的箱子

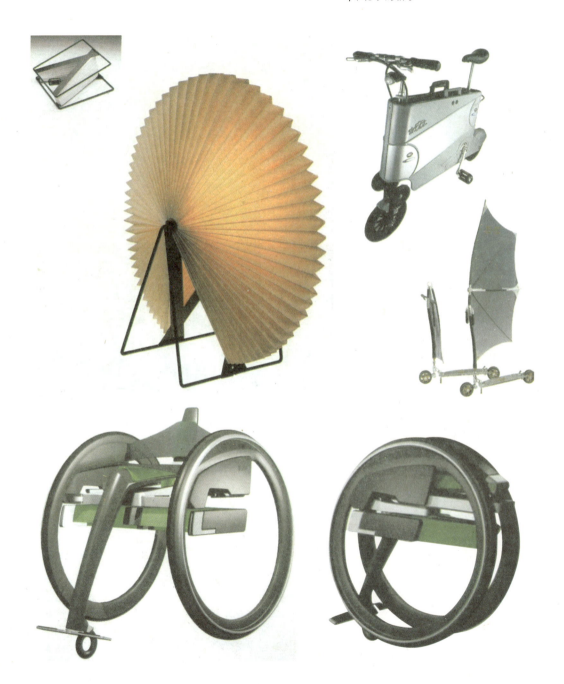

彩图二十五　产品的折叠和套叠

这里包括了产品的折叠和套叠，这些具有折叠功能的产品可以实现功能状态的转换

从构成走向产品设计

From Construction to Product Design

■彩图二十六　以"折叠"为主题的产品设计（一）

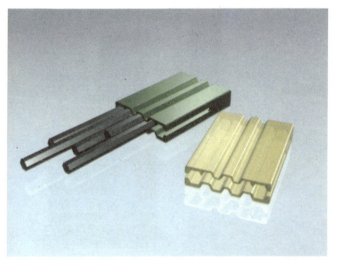

这个设计通过"折叠"巧妙地将"提包"和凳子的功能结合在一起。左图是作为凳子使用的状态；右上图是横板下翻，"提包"打开的状态；左上图是作为"提包"的状态。该设计非常适合钓鱼、野营等活动使用

该设计利用了卷纸的原理（下图）使用状态（右图）

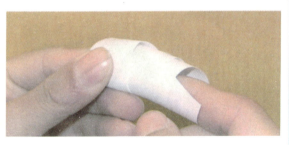

在塑料片的边缘有一条棱，这样使得塑料片之间不会轻易脱离

折叠后的状态

■彩图二十六　　以"折叠"为主题的产品设计（二）

这个具有折叠功能的设计将柜子、陈列架和屏风的功能结合在一起，使用方式灵活多样。板壁通过铰链连接，下面装上滚轮，能够随意转动，可根据房间的大小，自由安排；托板是插接上去的，也可根据自己的需要安排；板壁全部合拢后，可以成为一个柜子，节省空间

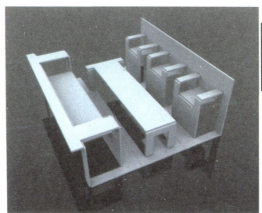

这个折叠设计主要运用了平面材料的立体化的方式。折起后，通过固定，可以变成一套坐具和茶几（左图）；放平后，则成为一个方便携带和存储的平板（下图），甚至这块平板还可以再折叠

从构成走向产品设计
From Construction to Product Design

■彩图二十七　设计实例

|车载导航仪的产品照片

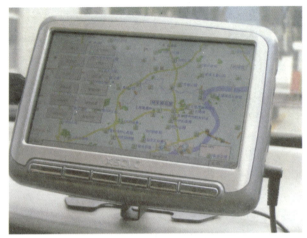

|MP3设计（一）

|MP3设计（二）

彩图二十八　设计欣赏（一）——电子产品

从构成走向产品设计
From Construction to Product Design

彩图二十八 设计欣赏（二）——汽车